零基础点对点识图与造价系列

园林工程识图与造价入门

鸿图造价　组编

赵小云　主编

U0179103

机械工业出版社
CHINA MACHINE PRESS

本书为"零基础点对点识图与造价系列"之一,根据《建设工程工程量清单计价规范》(GB 50500—2013)、《园林绿化工程工程量计算规范》(GB 50858—2013)等标准规范编写。本书针对读者在园林工程造价工作中遇到的问题和难点,分为问题导入、案例导入、算量分析、关系识图等板块进行一一讲解,同时介绍了相关工程造价软件的操作使用。全书共8章,内容包括园林工程造价,园林工程图例标准,园林工程识图,绿化工程,园路、园桥工程,园林景观工程,园林工程定额与清单计价,园林工程综合计算实例。

本书适合园林工程造价、工程管理、工程经济等专业的在校学生及从事造价工作人员学习参考,还可以作为工程造价自学参考书的优选书籍。

图书在版编目(CIP)数据

园林工程识图与造价入门/鸿图造价组编. —北京:机械工业出版社,2021.7

(零基础点对点识图与造价系列)

ISBN 978-7-111-68443-5

Ⅰ.①园… Ⅱ.①鸿… Ⅲ.①造园林-工程制图-识图②园林-工程造价 Ⅳ.①TU986.2②TU986.3

中国版本图书馆 CIP 数据核字(2021)第 110922 号

机械工业出版社(北京市百万庄大街22号 邮政编码100037)

策划编辑:闫云霞   责任编辑:闫云霞 王迺娟
责任校对:肖 琳 李 婷 封面设计:张 静
责任印制:常天培

天津嘉恒印务有限公司印刷

2022年1月第1版第1次印刷

184mm×260mm·10印张·242千字

标准书号:ISBN 978-7-111-68443-5

定价:38.00元

电话服务   网络服务

客服电话:010-88361066   机 工 官 网:www.cmpbook.com

　　　　　010-88379833   机 工 官 博:weibo.com/cmp1952

　　　　　010-68326294   金 书 网:www.golden-book.com

封底无防伪标均为盗版   机工教育服务网:www.cmpedu.com

编 委 会

组 编

鸿图造价

主 编

赵小云

参 编

杨霖华　杨恒博　白庆海　张利霞

唐国帅　王　利　吴　帆　何长江

刘家印　张　峰　魏　峰

▶▶▶▶▶ 前言
PREFACE

工程造价是比较专业的领域，建筑单位、设计院、造价咨询单位等都需要大量的造价人员，因此发展前景很好。当前，很多初学造价的人员工作时比较迷茫，而一些转行造价的入门者，学习和工作起来困难就更大一些。一本站在入门者角度的图书不仅可以让这些读者事半功倍，还可以使其工作和学习得心应手。

对于入门造价的初学者，任何一个知识点的缺乏都有可能成为他们学习的绊脚石，他们会觉得书中提到的一些专业术语，为什么没有相应的解释？为何没有相应的图片？全靠自己凭空想象，实在是难为人。本书结合以上问题，进行了市场调研，按照初学者思路，对其学习过程中遇到的知识点、难点和问题进行点对点讲解，做到识图有根基，算量有依据，前呼后应，理论与实践兼备。

本书根据《建设工程工程量清单计价规范》（GB 50500—2013）、《房屋建筑与装饰工程工程量计算规范》（GB 50854—2013）、《园林绿化工程工程量计算规范》（GB 50858—2013）等标准规范编写，站在初学者的角度设置内容，具有以下显著特点：

1）点对点。对识图和算量学习过程中的专业名词和术语进行点对点的解释，重点处给出了图片、音频或视频解释。

2）针对性强。每章按照不同的分部工程进行划分，每个分部工程中的知识点以"问题导入+案例导入+算量解析+疑难分析"为主线，分别按定额和清单方式进行串讲。

3）形式新颖。采用直入问题，带着疑问去找答案的方式，以提高读者的学习兴趣。

4）实践性强。每个知识点的讲解，所采用的案例和图片均来源于实际。

5）时效性强。结合新版造价软件进行绘图与工程报表的提取，顺应造价工程新形势的发展。

在编写本书过程中，得到了许多同行的支持与帮助，在此一并表示感谢。由于编者水平有限加上时间紧迫，书中难免有疏漏和不妥之处，望广大读者批评指正。如有疑问，可发邮件至 zjyjr1503@163.com 也可申请加入 QQ 群 811179070 与编者联系。

编　者

目录
CONTENTS

第1章 园林工程造价

1.1 工程造价概述

1.1.1 工程造价的含义

工程造价的两种含义是：

1. 第一种含义

工程造价是指进行某项工程建设花费的全部费用，即该工程项目有计划地进行固定资产再生产、形成相应无形资产和铺底流动资金的一次性费用总和。显然，这一含义是从投资者——业主的角度来定义的。投资者选定一个项目后，就要通过项目评估进行决策，然后进行设计招标、工程招标，直到

音频1-1：工程
造价含义

竣工验收等一系列投资管理活动。在投资活动中所支付的全部费用形成了固定资产和无形资产。所有这些开支就构成了工程造价。从这个意义上说，工程造价就是工程投资费用，建设项目工程造价就是建设项目固定资产投资。

2. 第二种含义

工程造价是指工程价格，即为建成一项工程，预计或实际在土地市场、设备市场、技术劳务市场等交易活动中所形成的建筑安装工程的价格和建设工程总价格。显然，工程造价的第二种含义是以社会主义商品经济和市场经济为前提。它以工程这种特定的商品形成作为交换对象，通过招标投标、承发包或其他交易形成，在进行多次性预估的基础上，最终由市场形成的价格。通常是把工程造价的第二种含义认定为工程承发包价格。所谓工程造价的两种含义是以不同角度把握同一事物的本质。以建设工程的投资者来说工程造价就是项目投资，是"购买"项目付出的价格；同时也是投资者在作为市场供给主体时"出售"项目时定价的基础。对于承包商来说，工程造价是他们作为市场供给主体出售商品和劳务的价格的总和，或是特指范围的工程造价，如建筑安装工程造价。

1.1.2 工程造价的特点

1. 工程造价的大额性

能够发挥投资效用的任一项工程，不仅实物形体庞大，而且造价高昂。动辄数百万元、数千万元、数亿元、十几亿元，特大型工程项目的造价可达百亿元、千亿元。工程造价的大额性使其关系到有关各方面的重大经济利益，同时也会对宏观经济产生重大影响。这就决定了工程造价的特殊地位，

音频1-2：工程
造价特点

也说明了造价管理的重要意义。

2. 工程造价的个别性、差异性

任何一项工程都有特定的用途、功能和规模。因此，对每一项工程的结构、造型、空间分割、设备配置和内外装饰都有具体的要求，因而其工程内容和实物形态都具有个别性、差异性。产品的差异性决定了工程造价的个别性差异。同时，每项工程所处地区、地段都不相同，使这一特点得到强化。

3. 工程造价的动态性

任何一项工程从决策到竣工交付使用，都有一个较长的建设期间，而且由于不可控因素的影响，在预计工期内，许多影响工程造价的动态因素，如工程变更，设备材料价格，工资标准以及费率、利率、汇率会发生变化。这种变化必然会影响到造价的变动。所以，工程造价在整个建设期中处于不确定状态，直至竣工决算后才能最终确定工程的实际造价。

4. 工程造价的层次性

工程造价的层次性取决于工程的层次性。一个建设项目往往含有多个能够独立发挥设计效能的单项工程（如车间、写字楼、住宅楼等）；一个单项工程又由能够各自发挥专业效能的多个单位工程（如土建工程、电气安装工程等）组成。与此相适应，工程造价有三个层次：建设项目总造价、单项工程造价和单位工程造价。如果专业分工更细，单位工程（如土建工程）的组成部分——分部分项工程也可以成为交换对象，如大型土方工程、基础工程、装饰工程等，这样工程造价的层次就增加分部工程和分项工程而成为五个层次。即使从造价的计算和工程管理的角度看，工程造价的层次性也是非常突出的。

5. 工程造价的兼容性

工程造价的兼容性首先表现在它具有两种含义，其次表现在工程造价构成因素的广泛性和复杂性。在工程造价中，首先，成本因素非常复杂，其中，为获得建设工程用地支出的费用、项目可行性研究和规划设计费用、与政府一定时期政策（特别是产业政策和税收政策）相关的费用占有相当的份额。再次，盈利的构成也较为复杂，资金成本较大。

1.1.3 工程造价的计价特征

工程造价的计价特征包括：

1. 计价的单件性

产品的个体差别决定了每项工程都必须单独计算造价。

2. 计价的多次性

① 在项目建议书阶段编制项目建议书投资估算。

② 在可行性研究报告阶段编制可行性研究报告投资估算。

③ 在初步设计阶段编制初步设计概算。

④ 在技术设计阶段编制技术设计修正概算。

⑤ 在施工图设计阶段编制施工图预算。

⑥ 实行建筑安装工程及设备采购招标的建设项目，一般都要编制标底，编制标底也是一次计价。

音频 1-3：工程造价的计价特征

3. 计价的组合性

工程造价的计算是由分部组成的，工程是一个综合体，可以分解成为许多有内在联系的工程，每个工程基本都可以分解为单位工程、分部分项工程等，在造价计算过程中，是依照分部分项工程单价—单位工程造价—单项工程造价—建筑项目总造价，这个组合过程进行的。

4. 方法的多样性

工程造价多次性计价有各自不相同的计价依据，对造价的精度的要求也各不相同，这就决定了计价方法的多样性特征。

5. 依据的复杂性

影响造价的因素多，计价依据复杂，种类繁多。

1.2 园林工程定额计价概述

1.2.1 园林工程定额计价的特点

1. 大额性

园林工程建设本身是建筑与艺术相结合的行业，能够发挥一定生态和社会投资效用的工程，不仅占地面积和实物形体较大，而且造价高昂，动辄数百万元、数千万元，特大型综合风景园林工程项目的造价可达几十亿元。所以，园林工程工程造价具有大额性的特点，并且关系到有关方面的重大经济利益，同时也给宏观经济带来重大影响。

2. 个别性、差异性

任何一项园林工程都有特定的用途、功能和规模。所以，每一项园林工程的结构、造型、空间分割、设备配置和内外装饰都有具体的要求，因而园林工程的工程内容和实物形态都具有个别性、差异性。产品的差异性决定了园林工程工程造价的个别性差异。同时，每项园林工程所处地区、地段都不相同，又强化了这一特点。

3. 动态性

任何一项园林工程从决策到竣工交付使用，都有一个较长的建设期间，而且由于不可控因素的影响，在预计工期内，许多影响园林工程工程造价的动态因素。这些变化必然会影响到造价的变动。所以，园林工程工程造价在整个建设期间处于不确定状态，直至竣工决算后工程的实际造价才能被最终确定。

4. 层次性

园林工程工程造价的层次性取决于园林工程的层次性。一个园林建设项目通常含有多个能够独立发挥设计效能的单项工程（如绿化工程、园路工程、园桥工程和假山工程等）；一个单项工程又是由能够各自发挥专业效能的多个单位工程（如土建工程、安装工程等）组成。与此相对应，工程造价有三个层次：建设项目总造价、单项工程造价和单位工程造价。如果专业分工更细，单位工程（如土建工程）的组成部分——分部分项工程也可以成为交换对象，例如土方工程、基础工程、装饰工程等，这样工程造价的层次就增加了分部工程和分项工程而成为五个层次。即使从造价的计算和工程管理的角度看，园林工程工程造价的层次性也是非常突出的。

5. 兼容性

园林工程工程造价的兼容性主要表现在它具有两种含义及园林工程工程造价构成因素的

广泛性和复杂性。工程造价的两种含义可以理解为：一是指建设一项园林工程预期开支或实际开支的全部固定资产投资费用，也就是园林工程通过策划、决策、立项、设计及施工等一系列生产经营活动所形成相应的固定资产、无形资产所需用的一次性费用的总和；二是指建成一项园林工程，预计或实际在土地市场、设备市场、技术劳务市场以及工程承包市场等交易活动中所形成的园林建筑安装工程的价格和园林建设项目的总价格。此外，在园林工程工程造价中，成本因素非常复杂，其中，为获得园林建设工程用地支出的费用、项目可行性研究和规划设计费用、与政府一定时期政策（特别是产业政策和税收政策）相关的费用占有相当的份额；另外，盈利的构成也较为复杂，资金成本较大。

1.2.2　园林工程定额计价的应用

园林工程定额具有以下几个方面的作用：

（1）定额是编制工程计划、组织和管理施工的重要依据

为了更好地组织和管理施工生产，必须编制施工进度计划和施工作业计划。在编制计划和组织管理施工生产中，直接或间接地要以各种定额来作为计算人力、物力和资金需用量的依据。

（2）定额是确定建筑工程造价的依据

根据设计文件规定的工程规模、工程数量及施工方法，即可依据相应定额所规定的人工、材料、机械台班的消耗量，以及单位预算价值和各种费用标准来确定建筑工程造价。

（3）定额是建筑企业实行经济责任制的重要环节

当前，全国建筑企业正在全面推行经济改革，而改革的关键是推行投资包干制和以招标、投标、承包为核心的经济责任制。其中签订投资包工协议、计算招标标底和投标报价、签订总包和分包合同协议等，通常都以建筑工程定额为主要依据。

（4）定额是总结先进生产方法的手段

定额是在平均先进合理的条件下，通过对施工生产过程的观察、分析综合制定的。它能比较科学地反映出生产技术和劳动组织的先进合理程度。因此，我们可以以定额的标定方法为手段，对同一建筑产品在同一施工操作条件下的不同生产方式进行观察、分析和总结，从而得出一套比较完整的先进生产方法，在施工生产中推广应用，使劳动生产率得到普遍提高。

1.3　园林工程清单计价概述

1.3.1　园林工程清单计价的特点

1. 工程量清单

工程量清单是表现拟建工程的分部分项工程项目、措施项目、其他项目名称及其相应工程数量的明细清单。

2. 工程量清单计价

工程量清单计价是指投标人完成招标人提供的工程量清单所需的全部费用，包括分部分

项工程费、措施项目费、其他项目费、规费和税金。

3. 工程量清单计价方法

工程量清单计价方法是指在建设工程招标投标中，招标人按照国家统一规定的工程量计算规则提供工程数量，由投标人依据工程量清单自主报价，并按照经评审低价中标的工程造价的计价方法。

4. 工程量清单计价特点

① 统一计价规则：工程清单计价体系有统一的建设工程工程量清单计价办法、计量规则、清单项目设置规则。

② 有效控制工、料、机消耗量：通过由政府发布统一的社会平均消耗量指导标准，为企业提供一个社会平均尺度，避免企业盲目或随意大幅度减少或扩大消耗量。从而达到保证工程质量的目的。

③ 充分体现市场经济的供求关系：将工程消耗量定额中的工、料、机价格和利润、管理费全面放开，由市场的供求关系自行确定价格。

④ 企业自主报价：投标施工企业根据自身技术专长、材料采购渠道和管理水平等，制定企业自己的报价定额，自主报价，充分反映企业的完全定价权。

1.3.2 园林工程清单计价的应用

1. 工程量清单编制的依据

编制招标工程量清单应依据：

①《建设工程工程量清单计价规范》（GB 50500—2013）、《园林绿化工程工程量计算规范》（GB 50858—2013）和相关工程的国家计量规范。

② 国家或省级、行业建设主管部门颁发的计价定额和办法。

③ 建设工程设计文件及相关资料。

④ 与建设工程有关的标准、规范、技术资料。

⑤ 拟定的招标文件。

⑥ 施工现场情况、地勘水文资料、工程特点及常规施工方案。

⑦ 其他相关资料。

2. 工程量清单计价

工程量清单计价包含按招标文件规定，填报由招标人提供的工程量清单所列项目的全部费用。具体包括分部分项工程费、措施项目费、其他项目费和规费、税金等。采用综合单价计价，要求投标人熟悉工程量清单、研究招标文件、熟悉施工图、了解施工组织设计、熟悉加工订货的有关情况、明确主材和设备的来源情况，结合本企业的具体情况并考虑风险因素准确计算，最终汇总出工程造价。

（1）招标工程量清单

招标人依据国家标准、招标文件、设计文件以及施工现场实际情况编制的，随招标文件发布供投标报价的工程量清单，包括其说明和表格。招标工程量清单应由具有编制能力的招标人或委托具有相应资质的工程造价咨询机构编制。招标工程量清单必须作为招标文件的组成部分，招标人须要对其准确性和完整性负责。

（2）已标价工程量清单

构成合同文件组成部分的投标文件中已标明价格，经算术性错误修正（如有）且承包人已确认的工程量清单，包括其说明和表格。

（3）综合单价

综合单价是指完成一个规定清单项目所需的人工费、材料费和工程设备费、施工机具使用费和企业管理费、利润以及一定范围内的风险费用。

该定义仍是一种狭义上的综合单价，规费和税金费用并不包括在项目单价中。国际上所谓的综合单价，一般是指包括全部费用的综合单价，在我国目前建筑市场存在过度竞争的情况下，保障税金和规费等不可竞争的费用仍是很有必要的。随着我国社会主义市场经济体制的进一步完善，社会保障机制的进一步健全，实行全费用的综合单价也只是时间问题。这一定义，与国家发展和改革委员会、财政部、建设部等九部委联合颁布的《〈标准施工招标资格预审文件〉和〈标准施工招标文件〉试行规定》及相关附件中的综合单价的定义是一致的。

3. 工程量清单计价模式与定额计价模式的比较

工程量清单计价模式与传统的预算定额计价模式在项目设置、定价原则、价差调整、工程量计算规则、工程风险等诸多方面均有着原则上的不同。预算定额计价是计划经济体制的模式，先计算工程量，套用定额计算出直接费，再以费率的形式计算间接费，汇总工程造价，然后确定优惠比例，得出最终造价。随着社会进步和科技发展，定额不可能面面俱到，时间上的滞后，工艺上的改进，施工技术水平的提高使得定额中的内容很难适应飞速发展的建筑工程的需要，导致招标时预期的目标难以达到。工程量清单计价则明确了统一的计算规则，根据工程设计的具体要求、质量要求、招标文件的要求将各种经济技术指标、质量和进度及企业管理水平等因素综合考虑，细化到工程综合单价中，使工程报价能够与工程实际相吻合，科学反映工程的实际成本，使之与工程建设市场相适应。

1.4 清单计价与定额计价的联系与区别

1. 清单计价与定额计价的联系

① 定额是工程量清单计价的基础。

② 传统观念上的定额包括工程量计算规则、消耗量水平、单价、费用定额的项目和标准，而现在谈及的工程量清单计价与定额关系中的"定额"，仅特指消耗量水平（标准）。

音频 1-4：清单计价与定额计价的联系与区别

③ 定额计价是以消耗量水平为基础，配上单价、费用标准等用以计价。而工程量清单虽然也以消耗量水平作为基础，但是单价、费用的标准等，政府都不再作规定，而是由政府宏观调控，市场形成价格。

④ 要理解工程量清单与定额的关系，还涉及一个问题，那就是"量价分离"。

2. 清单计价与定额计价的区别

① 定额计价以定额为基础，突出政府的作用，强调工程总造价的计算。

② 清单计价（综合单价法）以清单为基础，强调甲乙双方的责任在工程总造价的基础

上，更加强调分项工作综合单价的计算。

③ 单位工程造价构成形式不同。

④ 单位工程项目划分不同。

⑤ 计价依据不同。

⑥ 定额计价适合于按实结算的工程。

⑦ 清单计价适合于按工程承包单价结算的工程。

3. 工程量清单计价与定额计价的不同之处

（1）计价作用的比较

综合定额的人工、材料、机械等的费用是按社会平均水平编制的，是静止形态的价格，已不适应动态的、瞬息万变的市场环境。它没有把工程实体消耗与措施消耗分开，没有反映工程建设的特点。如：对于一个基础土方开挖项目，构成工程实体消耗是一定的，但施工方法则是多种多样的，承包人可根据自己的技术装备、施工方法、管理水平等措施进行施工。

工程量清单计价只反映工程分部分项实体消耗标准，体现"控制量、指导价、竞争费"的原则，它把工程实体消耗与措施项目分开，对实体项目提出社会平均消耗标准。在目前企业还不具备建立自己消耗定额条件下，工程计价表消耗量标准成为工程量清单计价方式下编制招标标底的主要依据和投标报价的重要参考。

（2）工程量计算的比较

定额计价的工程量，一律由承包方负责计算，计算规则执行的是计价定额（即消耗量定额）的规定，由发包方进行审核。

清单计价的工程量来源于两个方面：一是清单项目的工程量，由清单编制人根据《建设工程工程量清单计价规范》（GB 50500—2013）各附录中的工程量计算规则计算，并填写工程量清单作为招标文件的一部分发至投标人；二是组成清单项目的各个定额分项工程的工程量，由投标人根据计价定额规定的工程量计算规则计算，并执行相应计价定额组成综合单价。

（3）单位工程造价构成的比较

综合定额单位工程造价由直接工程费、间接费、利润及税金组成，直接工程费是由人工费、材料费、机械费组成，其他费用是以直接工程费为计算基数，最后将直接工程费、间接费、利润及税金汇总为单位工程造价。

工程量清单计价的造价组成是由分部分项工程量清单费用、措施项目清单费用、其他项目费用、规费及税金五部分构成，这种划分将工程实体性消耗和施工措施性消耗分离开。对于工程实体性消耗费用，投标人根据招标文件中的工程量清单数量报出每个清单项目的综合单价；对于措施性项目消耗费用招标人只给出工程项目名称，投标人根据招标文件要求和施工现场情况、施工方案再结合自身队伍的技术、管理水平自行确定，体现竞争费的市场竞争。

（4）分部分项工程单价构成的比较

综合定额计价时分部分项工程的单价是工料单价，由人工费、材料费、机械费构成。工程量清单计价的分部分项工程单价是综合单价，包括人工费、材料费、机械使用费、管理费、利润和考虑一定的风险费。综合单价是投标人根据自己企业的技术专长、材料采购渠道、机械装备水平、管理能力和投标策略等确定的价格，综合单价的报出是一个自主报价、市场竞争的过程。

（5）项目划分的比较

综合定额有几千个项目，它的划分十分详细，划分原则是按工程的不同部位、不同材料、不同工艺、不同施工机械、不同施工方法和材料规格型号。

工程量清单计价的项目划分有较大的综合性，规范中建筑工程只有几百个项目，它的划分考虑了工程部位、材料、项目特征，但不考虑具体的施工方法、措施。如挖土方只给出工程项目特征，没有给出是人工挖土还是机械挖土或者是人机配合挖土以及机械的型号等。同时对同一项目不再按阶段或过程分为几项，而是综合到一起。如混凝土项目，将混凝土制作、运输、浇筑、振捣、养护、接头及灌缝等综合为一项。这样给了施工企业选择施工方法的空间，报价时有更多的自主性，使施工企业逐渐降低对定额的依赖，慢慢转向靠企业自身建立或不断完善报价及管理定额和价格体系。

（6）生产要素价格的比较

定额计价时，工料机价格是取定价格。即使存在动态调整，其调整的标准也是造价管理部门发布的市场信息价格。

这种市场信息价格只反映不同时期的变动情况，而在同一时期内，它是一种平均价格，不同的施工企业均按这个平均价格找差价，其结果不反映企业的管理水平。

清单计价使用的工料机价格，是报价期内由企业的管理水平所决定的市场价格，在同一报价期内，不同投标人因其管理水平不同，工料机价格也是不同的。因此，清单计价时，使用的生产要素价格也具有多样性。

（7）价格形成机制的比较

定额计价时，施工单位获得工程有两种途径：

① 通过指令性计划获得工程。通常是先获得工程后计价，其工程价格是通过预算、结算的审批形成的。

② 投标获得工程。虽然通过了竞争，但由于都使用了同一水平的定额和生产要素价格，竞争并不充分。并且，这种竞争只是预算人员计算工程量的竞争和人际关系的竞争，不是企业综合生产能力的竞争，阻碍了生产力发展。

清单计价是通过招标投标，在"低价中标"的市场环境中获得工程，中标价基本上就是竣工结算价（或竣工结算价的主体部分）。由于竞争中各投标人使用的定额和生产要素价格具有个性化，反映了企业的实际情况，使真正具有生产能力优势的企业中标，体现客观、公正、公平竞争原则。

（8）风险处理方式的比较

定额计价，风险只在投资一方，所有的风险在不可预见费中考虑；结算时，按合同约定，可以调整。可以说投标人没有风险，不利于控制工程造价。

工程量清单计价，使招标人与投标人风险合理分担，投标人对自己所报的成本、综合单价负责，还要考虑各种风险对价格的影响，综合单价一经合同确定，结算时不可以调整（除工程量有变化），且对工程量的变更或计算错误不负责任；招标人相应在计算工程量时要准确，对于这一部分风险应由招标人承担，从而有利于控制工程造价。

定额计价与清单计价的区别见表 1-1 所示。

表 1-1　定额计价与清单计价在各方面的区别

序号	项目	定额计价	清单计价
1	环境	计划经济(不竞争)	市场经济(竞争)
2	量、价关系	量价合一(由投标人做)	量价分离(量由招标人提供,价由投标人报)
3	定价权	政府定价	企业自主
4	关于风险	一方承担	分担(量——招标人,价——《中华人民共和国招投标法》)
5	计量单位	按定额消耗量的批量单位	按实体工程工程量的基本单位
6	计量规则	各省市不一致	清单编制按全国"四统一"规定执行
7	单价构成	工料机形成直接工程费	工料机、管理费、利润形成综合单价(单位成本加利润)
8	管理费和利润的计算	按取费程序表计算	包括在综合单价内,不单独计算
9	单位工程造价构成	直接费+间接费+利润+税金	分部分项工程费+措施项目费+其他项目费+规费+税金

1.5　园林工程概述

1. 园林

园林指的是在一定的地域范围内运用相应的工程技术和艺术手段,通过改造地形、营造建筑和布置园路、种植各类植物等途径创作而成的美的自然环境和游憩境域。如我国最具有代表性的皇家园林和江南私家园林就是园林中的经典之作（如图 1-1、图 1-2 所示）。

图 1-1　北京颐和园

图 1-2　苏州拙政园

在园林设计和施工中,使园林最大限度地满足人们的审美要求,最大限度地发挥园林的功能要求,这样的一种造景技艺和过程,称为园林工程。

2. 园林工程学科的特点

园林工程是一门实践性和综合性较强的学科。要想将优秀的设计方案变成实际的工程现实,需要综合考虑各方面技术的统一,才能达到较好的预期效果。

（1）技术性与艺术性的统一

园林工程涉及土方、园路、种植、假山及水景等各类工程,各类工程不仅要满足结构和施工的技术性要求，还要从审美的角度考虑其造型与园林整体风格的呼应，以便达到技术性与艺术性的统一。

（2）规范性与时代性的结合

不同时期的园林工程是与当时的工程技术水平相适应的，随着人们生活水平的提高和人们对环境质量要求的提升，对城市中的园林建设要求亦日趋多样化，园林建设所涉及的各项工程，从设计到施工均应符合我国现行的工程设计、施工规范。

（3）生态性与生物性的协调

园林环境越来越多地强调以植物景观为主，植物的配置、栽种、养护与管理，使得园林工程具有生物性和生态性。

（4）多学科综合性的成果

我国园林工程的建设在设计中需要多专业的配合才能很好地完成，在施工中也需要多部门的协调配合。因此园林工程不是单一学科发展的成果，而是多学科综合性的成果。

3. 我国园林工程的发展进程

园林的发展历史非常悠久，早在奴隶社会殷周时期便产生了园林最早的雏形——苑囿，以满足帝王狩猎等功能方面的需求。到春秋战国时期就已出现人工造山，但主要是为治理水患和新修水利工程，而并非单纯的造园。秦汉时期的山水宫苑则发展为大规模的挖湖堆山，形成了"一池三山"的造园格局。到了唐代，工程技术则更为发达，特别是在造园的材料及工艺上都有所提升，宋代以宋徽宗在汴京（今开封）命建的寿山艮岳为代表，造园工程达到历史上的一个高峰。明清时期的造园手法和技艺更加趋于成熟，无论是以颐和园为代表的皇家园林还是江南私家园林都呈现了较高的造园水平和精湛的工程施工水平，达到了"虽由人作，宛自天开"的境界。

我国古代园林在漫长的发展过程中不仅积累了丰富的实践经验，还总结出了很多精辟的理论著作。如明代计成所著的《园冶》就专门总结了许多园林工程的理法；除此之外，北宋沈括的《梦溪笔谈》、明代文震亨的《长物志》和宋代李诫的《营造法式》中也都有提及园林工程的相关内容。园林工程作为一门技术，其发展历史伴随着园林史的发展源远流长，但是真正作为一门系统而独立的学科时间却不长，主要是为了适应我国园林绿化建设发展的需求而诞生。

第2章 园林工程图例标准

2.1 园林绿地系统规划图例

音频2-1：图例

2.1.1 地界图例

地界图例见表 2-1 所示。

表 2-1　地界

序号	名称	图例	说明
1	各类用地边线	▬▬▬▬▬▬	
2	风景名胜区景区界、功能区界、保护分区界	▬ ▬ ▬ ▬ ▬	
3	规划边界和用地红线	▬ ▪ ▬ ▪ ▬ 或 ▬▬ ▪ ▬▬ ▪ ▬▬	
4	外围控制区(地带)界	▬ ▬ ▬ ▬ 或 ▬▬ ▬▬ ▬▬	
5	地下构筑物或特殊地质区域界	‒ ‒ ‒ ‒ ‒ ‒ ‒	

2.1.2 景点、景物图例

景点、景物图例见表 2-2 所示。

音频2-2：图例的作用

表 2-2　景点、景物

序号	名称	图例	说明
1	景点	⊙ ●	各级景点依圆的大小相区别 左图为现状景点；右图为规划景点

11

（续）

序号	名称	图例	说明
2	古建筑		
3	塔		2~29 所列图例宜供宏观规划时用,其不反映实际地形及形态。需区分现状与规划时,可用单线圆表示现状景点、景物,双线圆表示规划景点景物
4	宗教建筑 (佛教、道教、基督教等)		
5	牌坊、牌楼		
6	桥		
7	城墙		
8	墓、墓园		
9	文化遗址		
10	摩崖石刻		
11	古井		
12	山岳		

（续）

序号	名称	图例	说明
13	孤峰		
14	群峰		
15	岩洞（或地下人工景点）		
16	峡谷		
17	奇石、礁石		
18	陡崖		
19	瀑布		
20	泉		
21	温泉		
22	湖泊		

序号	名称	图例	说明
23	海滩（或溪滩）		
24	古树名木		
25	森林		
26	公园		
27	动物园		
28	植物园		
29	烈士陵园		

2.1.3　运动游乐设施图例

运动游乐设施图例见表2-3所示。

表2-3　运动游乐设施

序号	名称	图例	说明
1	天然游泳场		

（续）

序号	名称	图例	说明
2	水上运动场		
3	游乐场		
4	运动场	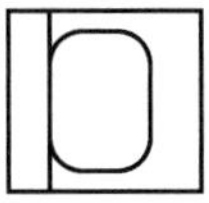	

2.1.4　工程设施图例

工程设施图例见表 2-4 所示。

表 2-4　工程设施

序号	名称	图例	说明
1	电视差转台	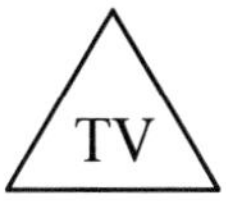	
2	发电站		
3	变电所		
4	给水厂		
5	污水处理厂	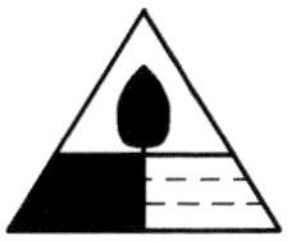	

（续）

序号	名称	图例	说明
6	垃圾处理站	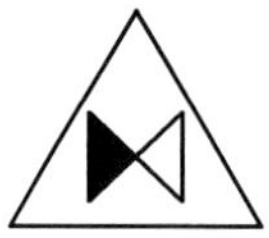	
7	公路、汽车游览路		上图以双线表示,用中实线;下图以单线表示,用粗实线
8	小路、步行游览路	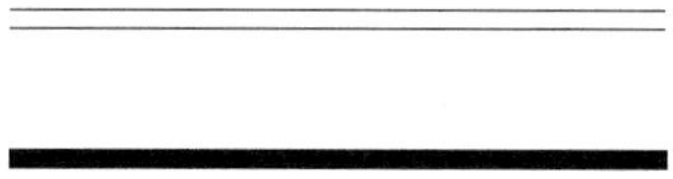	上图以双线表示,用细实线;下图以单线表示,用中实线
9	山地步游小路	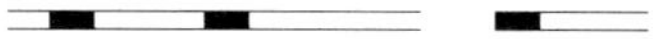	上图以双线加台阶表示,用细实线;下图以单线表示,用虚线
10	隧道		
11	架空索道线	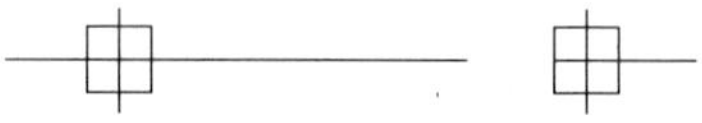	
12	斜坡缆车线		
13	高架轻轨线		
14	水上游览线		细虚线
15	架空电力电讯线	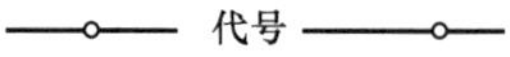 代号	粗实线中插入管线代号,管线代号按现行国家有关标准的规定标注
16	管线	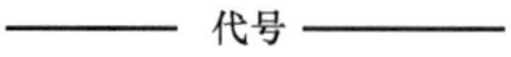 代号	

2.2 园林绿地规划设计图例

本节中只摘录了部分图例，关于建筑图例、树木形态图例、小品设施图例、工程设施图例及用地类型图例等本节并未摘录，具体详细讲解见第 3 章相关内容。

2.2.1 山石图例

园林山石图例见表 2-5 所示。

表 2-5 山石

序号	名称	图例	说明
1	山石假山	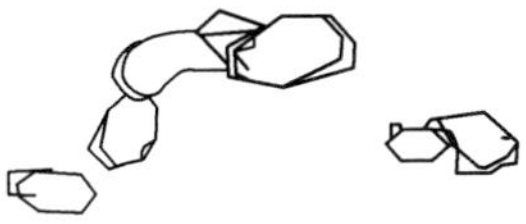	根据设计绘制具体形状,人工塑山需要标注文字
2	土石假山	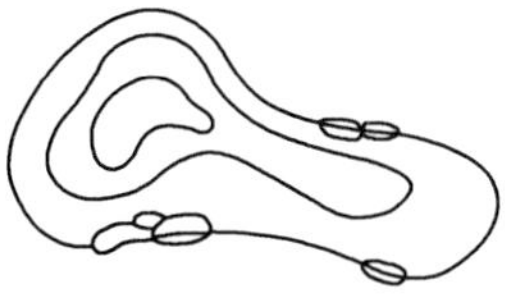	包括"土包石""石包土"及土假山,依据设计绘制具体形状
3	独立景石		依据设计绘制具体形状

2.2.2 水体图例

园林水体图例见表 2-6 所示。

表 2-6 水体

序号	名称	图例	说明
1	自然形水体		依据设计绘制具体形状,用于总图
2	规则形水体	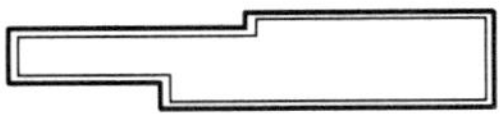	依据设计绘制具体形状,用于总图
3	跌水、瀑布	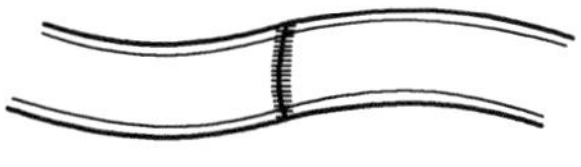	依据设计绘制具体形状,用于总图
4	旱涧		包括"旱溪",依据设计绘制具体形状,用于总图
5	溪涧		依据设计绘制具体形状,用于总图

2.2.3 植物图例

园林植物图例见表 2-7 所示。

表 2-7　植物

序号	名称	图例			说明
		单株		群植	
		设计	现状		
1	常绿针叶乔木				乔木单株冠幅宜按实际冠幅为 3~6m,绘制,灌木单株冠幅宜按实际冠幅为 1.5~3m 绘制,可根据植物合理冠幅选择大小。 其中序号 7 中:单株为示意,群植范围按实际分布情况绘制,在其中示意单株图例 序号 1-16 图例中: ① 落叶乔、灌木均不填斜线 ② 常绿乔、灌木加画 45°细斜线 ③ 阔叶树的外围线用弧裂形或圆形线 ④ 针叶树的外围线用锯齿形或斜刺形线 ⑤ 乔木外形成圆形 ⑥ 灌木外形成不规则形,乔木图例中粗线小圆表示现有乔木,细线小十字表示设计乔木 ⑦ 灌木图例中黑点表示种植位置 ⑧ 凡大片树林可省略图例中的小圆、小十字及黑点
2	常绿阔叶乔木				
3	落叶阔叶乔木				
4	常绿针叶灌木				
5	常绿阔叶灌木				
6	落叶阔叶灌木				
7	竹类		—		
8	落叶针叶乔木				
9	阔叶乔木疏林				

（续）

序号	名称	图例	说明
10	针叶乔木疏林	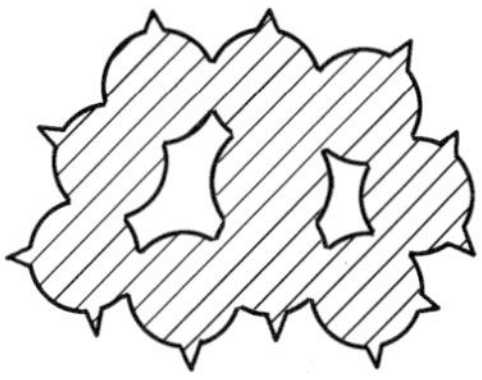	常绿林或落叶林根据图面表现的需要加或不加 45° 细斜线
11	阔叶乔木密林		
12	针叶乔木密林	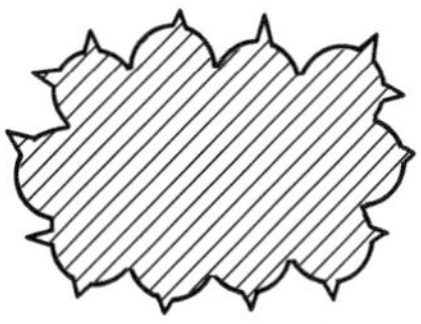	
13	落叶灌木疏林		
14	落叶花灌木疏林		
15	常绿灌木密林	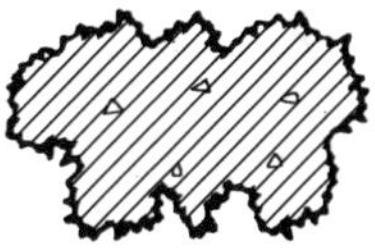	图中除需斜线阴影之外,还应添加适当小三角予以表示
16	常绿花灌木密林	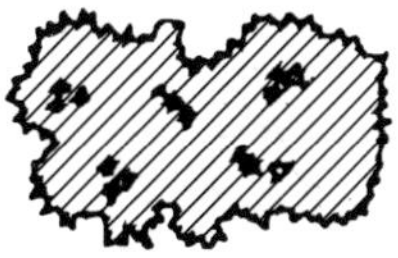	
17	自然形绿篱		

（续）

序号	名称	图例	说明
18	整形绿篱		
19	镶边植物		
20	一、二年生草本花卉		
21	多年生及宿根草本花卉		
22	一般草皮		
23	缀花草皮		
24	整形树木		
25	竹丛		
26	棕榈植物		
27	仙人掌植物		
28	藤本植物		

（续）

序号	名称	图例	说明
29	水生植物		
30	地被		按照实际范围绘制
31	绿篱		

3.1 园林工程制图规定

3.1.1 基本规定

① 风景园林规划制图应为彩图；方案设计制图可为彩图；初步设计和施工图设计制图应为墨线图。

② 标准图纸宜采用横幅，图纸图幅及图框尺寸应符合表 3-1 及图 3-1 的规定。

表 3-1　图纸图幅及图框尺寸

尺寸代号	0 号图幅（A0）	1 号图幅（A1）	2 号图幅（A2）	3 号图幅（A3）	4 号图幅（A4）
$b×l$	841×1189	594×841	420×594	297×420	210×297
c	10			5	
a	25				

注：b 为图幅短边的尺寸；l 为图幅长边的尺寸；c 为图幅线与图框边线的宽度；a 为图幅线与装订边的宽度。

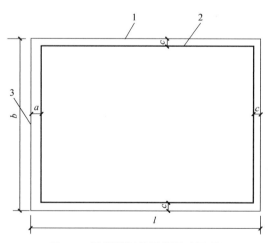

图 3-1　图纸图幅及图框尺寸示意

b—图幅短边的尺寸　l—图幅长边的尺寸　c—图幅线与图框边线的宽度　a—图幅线与装订边的宽度

1—图幅线　2—图框边线　3—装订边

③ 当图纸图界与比例的要求超出标准图幅最大规格时，可将标准图幅分幅拼接或加长

图幅，加长的图幅应有一对边长与标准图幅的短边边长一致。

④ 制图应以专业地形图作为底图，底图比例应与制图比例一致。制图后底图信息应弱化，突出规划设计信息。

⑤ 图纸基本要素应包括：图题、指北针和风向玫瑰图、比例和比例尺、图例、文字说明、规划编制单位名称及资质等级、编制日期等。

⑥ 制图可用图线、标注、图示、文字说明等形式表达规划设计信息，图纸信息排列应整齐，表达完整、准确、清晰、美观。

⑦ 制图中的计量单位应使用国家法定计量单位；符号代码应使用国家规定的数字和字母；年份应使用公元年表示。

⑧ 制图中所用的字体应统一，同一图纸中文字字体种类不宜超过两种。应使用中文标准简化汉字。需加注外文的项目，可在中文下方加注外文，外文应使用印刷体或书写体等。中文、外文均不宜使用美术体。数字应使用阿拉伯数字的标准体或书写体。

3.1.2　图纸版式与编排

音频 3-1：图纸
版式和编排

规划图纸版式应符合下列规定：

① 应在图纸固定位置标注图题并绘制图标栏和图签栏，图标栏和图签栏可统一设置，也可分别设置，如图 3-2 所示。

② 图题宜横写，位置宜选在图纸的上方，图题不应遮盖图中现状或规划的实质内容。图题内容应包括：项目名称（主标题）、图纸名称（副标题）、图纸编号或项目编号。

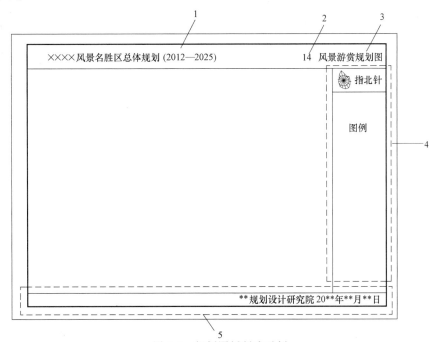

图 3-2　规划图纸版式示例

1—项目名称（主标题）　2—图纸编号　3—图纸名称（副标题）　4—图标栏　5—图签栏

③ 除示意图、效果图外，每张图纸的图标栏内均应在固定位置绘制和标注指北针和风

向玫瑰图、比例和比例尺、图例、文字说明等内容。

④ 图签栏的内容应包括规划编制单位名称及资质等级、编绘日期等。规划编制单位名称应采用正式全称，并可加绘其标识徽记。

⑤ 用于讲解、宣传、展示的图纸可不设图标栏或图签栏，可在图纸的固定位置署名。

图纸编排顺序宜为：现状图纸、规划图纸，图纸顺序应与规划文本的相关内容顺序一致。

3.1.3 图界

① 图界应涵盖规划用地范围、相邻用地范围和其他与规划内容相关的范围。

② 当用一张图幅不能完整地标出图界的全部内容时，可将原图中超出图框边以外的内容标明连接符号后，移至图框边以内的适当位置上，但其内容、方位、比例应与原图保持一致，并不得压占原图中的主要内容。

③ 当图纸按分区分别绘制时，应在每张分区图纸中绘制一张规划用地关系索引图，标明本区在总图或规划区中的位置和范围。

3.1.4 指北针、风向玫瑰图、比例尺

音频 3-2：图界

指北针与风向玫瑰图可一起标绘，也可单独标绘。当规划区域分成几个组团并有不同的风向特征时，应在相应的图上绘制各组团所在地的风向玫瑰图，或用文字标明该风向玫瑰图的适用地域。风向玫瑰图绘制应符合现行行业标准《城市规划制图标准》（CJJ/T 97—2003）的相关规定。

比例尺的制作应符合现行行业标准《城市规划制图标准》（CJJ/T 97—2003）的相关规定。城市绿地系统规划图纸的制图比例应与相应的城市总体规划图纸的比例一致。风景名胜区总体规划图纸的制图比例和比例尺应符合现行国家标准《风景名胜区总体规划标准》（GB/T 50298—2018）中的相关规定。

音频 3-3：图纸中指示
方向常用的方法

3.1.5 图线、比例及等高线

1. 图线

① 图纸中应用不同线型、不同颜色的图线表示规划边界、用地边界及道路、市政管线等内容。

② 风景园林规划图纸图线的线型、线宽、颜色及主要用途应符合表 3-2 的规定。

表 3-2　风景园林规划图纸图线的线型、线宽、颜色及主要用途

名称	线型	线宽	颜色	主要用途
实线	▬▬▬▬	$0.10b$	C = 67 Y = 100	城市绿线
	▬▬▬▬	$0.30b \sim 0.40b$	C = 22　M = 78 Y = 57　K = 6	宽度小于 8m 的风景名胜区车行道路
	▬▬▬▬	$0.20b \sim 0.30b$	C = 27　M = 46 Y = 89	风景名胜区步行道路

（续）

名称	线型	线宽	颜色	主要用途
实线	———————	0.10b	K = 80	各类用地边线
双实线	═══════	0.10b	C = 31　M = 93 Y = 100　K = 42	宽度大于 8m 的风景名胜区道路
点画线	— · — · — · — 或 — · — · — · —	0.40b ~ 0.60b	C = 3　M = 98 Y = 100 或 K = 80	风景名胜区核心景区界
	▬ · ▬ · ▬ · 或 ▬ · ▬ · ▬ ·	0.60b	C = 3　M = 98 Y = 100 或 K = 80	规划边界和用地红线
双点画线	▬ · · ▬ · · ▬ 或 ▬ · · ▬ · · ▬	b	C = 3　M = 98 Y = 100 或 K = 80	风景名胜区界
虚线	▬ ▬ ▬ ▬ 或 ▬ ▬ ▬ ▬	0.40b	C = 3　M = 98 Y = 100 或 K = 80	外围控制区（地带）界
	▬ ▬ ▬ ▬ ▬	0.20b ~ 0.30b	K = 80	风景名胜区景区界、功能区界、保护分区界
	- - - - - - - -	0.10b	K = 80	地下构筑物或特殊地质区域界

注：1. b 为图线宽度，视图幅以及规划区域的大小而定。

2. 风景名胜区界、风景名胜区核心景区界、外围控制区（地带）界、规划边界和用地红线应用红色，当使用红色边界不利于突出图纸主体内容时，可用灰色。

3. 图形颜色由 C（青色）、M（洋红色）、Y（黄色）、K（黑色）4 种印刷油墨的色彩浓度确定；图形颜色中字母对应的数值为色彩浓度百分值，表中缺省的油墨类型的色彩浓度百分值一律为 0。

2. 比例

初步设计和施工图设计图纸常用比例见表 3-3 所示。

表 3-3　初步设计和施工图设计图纸常用比例

图纸类型	初步设计图纸常用比例	施工图设计图纸常用比例
总平面图（索引图）	1∶500、1∶1000、1∶2000	1∶200、1∶500、1∶1000
分区（分幅）图	—	可无比例
放线图、竖向设计图	1∶500、1∶1000	1∶200、1∶500
种植设计图	1∶500、1∶1000	1∶200、1∶500
园路铺装及部分详图索引平面图	1∶200、1∶500	1∶100、1∶200

（续）

图纸类型	初步设计图纸常用比例	施工图设计图纸常用比例
园林设备、电气平面图	1∶500、1∶1000	1∶200、1∶500
建筑、构筑物、山石、园林小品设计图	1∶50、1∶100	1∶50、1∶100
做法详图	1∶5、1∶10、1∶20	1∶5、1∶10、1∶20

3. 等高线

等高线、排水及坡度等见表 3-4 所示。

表 3-4　等高线、排水及坡度等

名称	图线	说明
原有地形等高线		用细实线表达
设计地形等高线		施工图中等高距值与图纸比例应符合规定：图纸比例 1∶1000，等高距值 1.00m；图纸比例 1∶500，等高距值 0.50m；图纸比例 1∶200，等高距值 0.20m
设计等高线	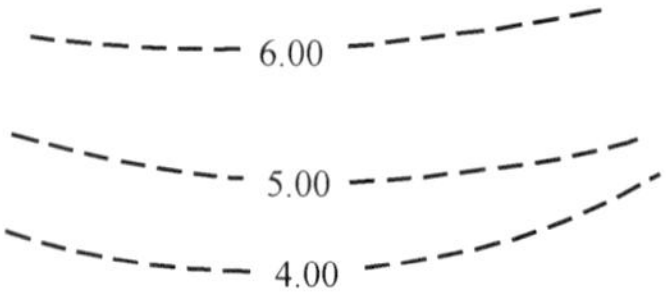 6.00　5.00　4.00	等高线上的标注应顺着等高线的方向，字的方向指向上坡方向。标高以米为单位，精确到小数点后第 2 位
设计高程（详图）	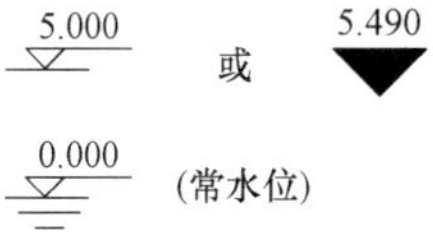 5.000　或　5.490　0.000（常水位）	标高以米为单位，注写到小数点后第 3 位；总图中标写到小数点后第 2 位；符号的画法见现行国家标准《房屋建筑制图统一标准》（GB/T 50001—2017）
设计高程（总图）	Φ 6.30（设计高程点）　○ 6.25（现状高程点）	标高以米为单位，在总图及绿地中注写到小数点后第 2 位；设计高程点位为圆加十字，现状高程为圆
排水方向		指向下坡
坡度	$i=6.5\%$　40.00	两点坡度 / 两点距离
挡墙	5.000（4.630）	挡墙顶标高 /（墙底标高）

3.1.6　图例

① 图纸中应标绘图例。图例由图形外边框、文字与图形组成，如图 3-3 所示。每张图纸图例的图形外边框、文字大小应保持一致。图形外边框应采用矩形，矩形高度可视图纸大小确定，宽高比宜为 2∶1~3.5∶1；图形可由色块、图案或数字代号组成，绘制在图形外边框的内部并居中。采用色块作为图形的，色块应充满图形外边框；文字应标注在图形外侧，

是对图形内容的注释。文字标注应采用黑体，高度不应超过图形外边框的高度。

② 制图时需要对所示图例的同一大类进行细分时，可在相应的大类图形中加绘方框，并在方框内加注细分的类别代号。

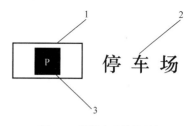

图 3-3 园林规划图图例
1—图形外边框 2—文字 3—图形

3.1.7 标注

1. 尺寸界线、尺寸线及尺寸起止符号

① 图样上的尺寸，应包括尺寸界线、尺寸线、尺寸起止符号和尺寸数字，如图 3-4 所示。

② 尺寸界线应用细实线绘制，应与被注长度垂直，其一端应离开图样轮廓线不应小于 2mm，另一端宜超出尺寸线 2~3mm。图样轮廓线可用作尺寸界线，如图 3-5 所示。

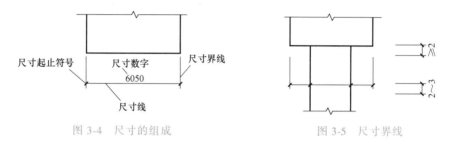

图 3-4 尺寸的组成　　　　　　图 3-5 尺寸界线

③ 尺寸线应用细实线绘制，应与被注长度平行。图样本身的任何图线均不得用作尺寸线。

④ 尺寸起止符号用中粗斜短线绘制，其倾斜方向应与尺寸界线成顺时针45°角，长度宜为 2~3mm。半径、直径、角度与弧长的尺寸起止符号，宜用箭头表示，如图 3-6 所示。

2. 尺寸数字

① 图样上的尺寸，应以尺寸数字为准，不得从图上直接量取。

② 图样上的尺寸单位，除标高及总平面以米为单位外，其他必须以毫米为单位。

③ 尺寸数字的方向，应按图 3-7a 的规定注写。若尺寸数字在30°斜线区内，也可按图 3-7b 的形式注写。

④ 尺寸数字应依据其方向注写在靠近尺寸线的上方中部。如没有足够的注写位置，最外边的尺寸数字可注写在尺寸界线的外侧，中间相邻的尺寸数字可上下错开注写，引出线端部用圆点表示标注尺寸的位置，如图 3-8 所示。

3. 尺寸的排列与布置

① 尺寸宜标注在图样轮廓以外，不宜与图线、文字及符号相交，如图 3-9 所示。

② 互相平行的尺寸线，应从被注写的图样轮廓线由近向远整齐排列，较小尺寸应离轮廓线较近，较大尺寸应离轮廓线较远，如图 3-10 所示。

③ 图样轮廓线以外的尺寸界线，距图样最外轮廓之间的距离，不宜小于 10mm。平行排列的尺寸线的间距，宜为 7~10mm，并应保持一致，如图 3-10 所示。

④ 总尺寸的尺寸界线应靠近所指部位，中间的分尺寸的尺寸界线可稍短，但其长度应相等，如图 3-10 所示。

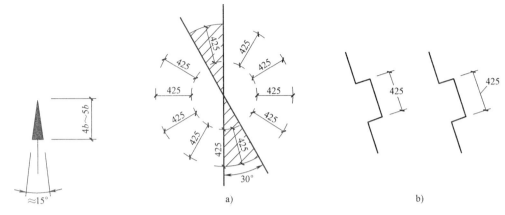

图 3-6 箭头尺寸起止符号   图 3-7 尺寸数字的注写方向

图 3-8 尺寸数字的注写位置

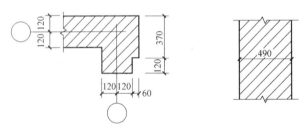

图 3-9 尺寸数字的注写

4. 半径、直径、球的尺寸标注

① 半径的尺寸线应一端从圆心开始，另一端画箭头指向圆弧。半径数字前应加注半径符号"R"，如图 3-11 所示。

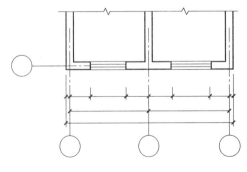

图 3-10 尺寸的排列

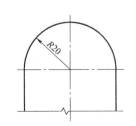

图 3-11 半径的标注方法

② 较小圆弧的半径，可按图 3-12 形式标注。

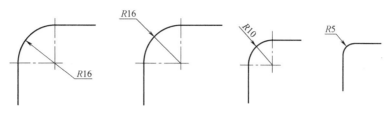

图 3-12　小圆弧半径的标注方法

③ 较大圆弧的半径，可按图 3-13 形式标注。

图 3-13　大圆弧半径的标注方法

3.1.8　符号

1. 剖切符号应符合的规定

① 剖视的剖切符号应由剖切位置线及剖视方向线组成，均应以粗实线绘制。

② 剖切位置线的长度宜为 6～10mm；剖视方向线应垂直于剖切位置线，长度应短于剖切位置线，宜为 4～6mm，如图 3-14 所示，也可采用国际统一和常用的剖视方法，如图 3-15 所示。

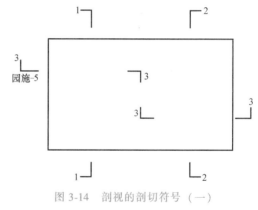

图 3-14　剖视的剖切符号（一）

③ 断面的剖切符号应只用剖切位置线表示，并应以粗实线绘制，长度宜为 6～10mm，如图 3-16 所示。

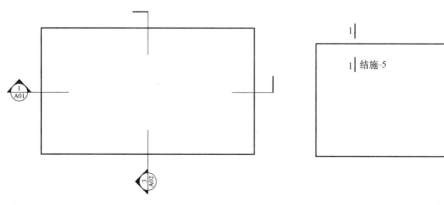

图 3-15　剖视的剖切符号（二）

图 3-16　断面的剖切符号

④ 剖切符号的编号宜采用粗阿拉伯数字，按剖切顺序由左至右、由下向上连续编排，

并应注写在剖视方向线的端部或一侧，编号所在的一侧应为该剖切或断面的剖视方向；需要转折的剖切位置线，应在转角的外侧加注与该符号相同的编号。

⑤ 当剖面图或断面图与被剖切图样不在同一张图时，应在剖切位置线的另一侧注明其所在图纸的编号，也可以在图上集中说明。

2. 索引符号与详图符号应符合规定

① 图样中的某一局部或构件，如需另见详图，应以索引符号索引，如图 3-17 所示。

② 索引符号是由直径为 10mm 的圆和水平直径组成，圆及水平直径应以细实线绘制，如图 3-18 所示。

③ 索引符号如用于索引剖视详图，应在被剖切的部位绘制剖切位置线，并以引出线引出索引符号，引出线所在的一侧应为剖视方向，如图 3-19 所示。

④ 详图的位置和编号，应以详图符号表示。详图符号的圆应以直径为 14mm 粗实线绘制。编号顺序第一级为数字，第二级为大写英文字母，第三级为小写英文字母，如图 3-20 所示。

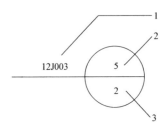

图 3-17　索引符号

1—引用标准图集编号　2—详图编号
3—详图所在图纸编号，若在本图画一与编号字体等宽的水平细线

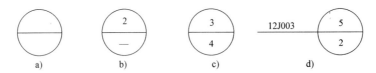

图 3-18　索引符号应用示例

a）索引符号 1　b）索引符号 2　c）索引符号 3　d）索引符号 4

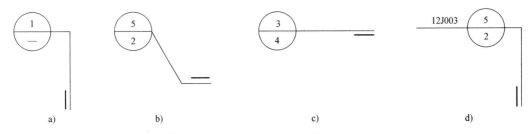

图 3-19　用于索引剖面详图的索引符号

a）索引剖面详图 1　b）索引剖面详图 2　c）索引剖面详图 3　d）索引剖面详图 4

3. 引出线应符合规定

① 引出线应以细实线绘制，宜采用水平方向的直线，与水平方向成 30°、45°、60°、90°的直线，或经上述角度再折为水平线。文字说明宜注写在水平线的端部，如图 3-21a 所示；索引详图的引出线，应与水平直径线相连接，如图 3-21b 所示。

② 多层构造共用引出线，应通过被引出的各层，并用圆点示意对应各层次。文字说明宜注写在水平线的端部，说明的顺序应由上至下，并应与被说明的层次对应一致；如层次为横向排序，则由上至下的说明顺序应与由左至右的层次对应一致，如图 3-22 所示。

4. 其他符号应符合规定

① 对称符号由对称中心线和两端的两对平行线组成，如图 3-23 所示。对称中心线用细单点长画线绘制；平行线用细实线绘制，其长度宜为 6～10mm，每对的间距宜为 2mm～

3mm；对称中心线垂直平分于两对平行线，两端超出平行线宜为 2~3mm。

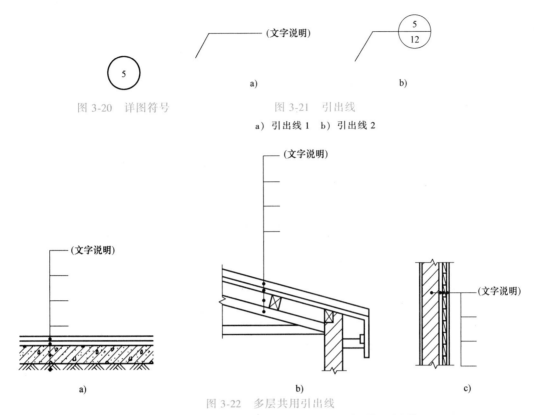

图 3-20　详图符号

图 3-21　引出线

a）引出线 1　b）引出线 2

图 3-22　多层共用引出线

a）地面做法引出线　b）坡屋面做法引出线　c）墙面做法引出线

② 指北针的形状应为圆形，内绘制指北针，圆的直径宜为 24mm，用细实线绘制；指针尾部的宽度宜为 3mm，指针头部应注 "北" 或 "N" 字。需用较大直径绘制指北针时，指针尾部的宽度宜为直径的 1/8。

③ 对图纸中局部变更部分宜采用云线，并宜注明修改版次，如图 3-24 所示。

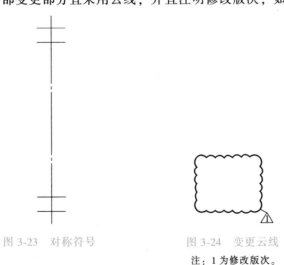

图 3-23　对称符号

图 3-24　变更云线

注：1 为修改版次。

3.2 园林规划设计图

3.2.1 园林规划设计图识图

识图内容有：

1. 园林总体规划设计图

园林总体规划设计图简称为总平面图，表现园林规划范围内的各种造园要素的布局投影图，它主要包括园林设计总平面图、分区平面图和施工平面图。总体规划设计图主要表现用地范围内园林总的设计意图，它能够反映出组成园林各要素的布局位置、平面尺寸以及平面关系。一般情况下总体规划设计图所表现的内容包括以下几点：

① 规划用地的现状和范围。

② 对原有地形、地貌的改造和新的规划。注意在总体规划设计图上出现的等高线均表示设计地形，对原有地形不作表示。

③ 依照比例表示出规划用地范围内各园林组成要素的位置和外轮廓线。

④ 反映出规划用地范围内园林植物的种植位置。在总体规划设计图纸中园林植物只要求分清常绿、落叶、乔木及灌木即可，不要求表示出具体的种类。

⑤ 绘制图例、比例尺、指北针或风向玫瑰图。

2. 园林竖向设计图

竖向设计是园林总体规划设计的一项重要内容。竖向设计图是表示园林中各个景点、各种设施及地貌等在高程上的高低变化和协调统一的一种图样，主要表现地形、地貌、建筑物、植物和园林道路系统等各种造园要素的高程等内容，如地形现状及设计高程，建筑物室内控制标高，山石、道路、水体及出入口的设计高程，园路主要转折点、交叉点、变坡点的标高和纵坡坡度以及各景点的控制标高等。它是在原有地形的基础上，所绘制的一种工程技术图样。

3. 园林植物种植设计图

园林植物种植设计图是表示设计植物的种类、数量、规格、种植位置及类型和要求的平面图样。

园林植物种植设计图是用相应的平面图例在图纸上表示设计植物的种类、数量、规格以及园林植物的种植位置。通常还在图面上适当的位置，用列表的方式绘制苗木统计表，具体统计并详细说明设计植物的编号、图例、种类、规格（包括树干直径、高度或冠幅）和数量等。

植物种植设计图是植物种植施工、工程预结算、工程施工监理和验收的依据，它应能准确表达出种植设计的内容和意图。

识图方法有：

1. 园林总体规划设计图

园林总体规划设计图表明了一个区域范围内园林总体规划设计的内容，反映了组成园林各个部分之间的平面关系及长宽尺寸，是表现总体布局的图样。识图方法如下：

① 看图名、比例、设计说明、风向玫瑰图和指北针。根据图名、设计说明、指北针、

比例和风向玫瑰图，可了解到总体规划设计的意图和工程性质、设计范围、工程的面积和朝向等基本概况，为进一步了解图纸做好准备。

② 看等高线和水位线。了解园林的地形和水体布置情况，从而对全园的地形骨架有一个基本的印象。

③ 看图例和文字说明。明确新建景物的平面位置，了解总体布局情况。

④ 看坐标或尺寸。根据坐标或尺寸查找施工放线的依据。

2. 园林竖向设计图

园林竖向设计图识图方法如下：

① 看图名、比例、指北针和文字说明。了解工程名称、设计内容、工程所处方位和设计范围。

② 看等高线及其高程标注。了解新设计地形的特点和原地形标高，了解地形高低变化及土方工程情况，并结合景观总体规划设计，分析竖向设计的合理性。并且根据新、旧地形高程变化，了解地形改造施工的基本要求和做法。

③ 看建筑、山石和道路标高情况。

④ 看排水方向。

⑤ 看坐标，确定施工放线依据。

3. 园林植物种植设计图

读种植设计图的主要目的是要明确绿化的目的与任务，了解种植植物的名称及种植的平面布局。识图方法如下：

① 看标题栏、比例、风向玫瑰图及设计说明，了解当地的主导风向，明确绿化工程的目的、性质与范围，了解绿化施工后应达到的效果。

② 根据植物图例及注写说明、代号和苗木统计表，了解植物的种类、名称、规格和数量，并结合施工做法与技术要求，核验或编制预算。

③ 看植物种植位置及配置方法，分析设计方案是否合理，植物栽植位置与各种建筑构筑物和市政管线之间的距离（需另用图文表示）是否符合有关设计规范的规定。

④ 看植物的种植规格和定位尺寸，明确定点放线的基准。

3.2.2　园林建筑施工图识图

1. 园林建筑平面图

建筑平面图主要表现建筑物内部空间的划分、房间名称、出入口的位置、墙体的位置、主要承重构件的位置和其他附属构件的位置，配合适当的尺寸标注和位置说明。若是非单层的建筑，应该提供建筑物各层平面图，并且在底层平面图中通过指北针标明房屋的朝向。

2. 园林建筑立面图

建筑物的立面图可以有多个，其中反映主要外貌特征的立面图称为正立面图，其余的立面图相应地称为背立面图、侧立面图。主要包括以下内容：

① 表明建筑物外形和门窗、台阶、雨棚、阳台、烟囱、雨水管等的位置。

② 建筑物的总高度、各楼层高度、室内外地坪标高及烟囱高度等。

③ 表明建筑物外墙所用材料及饰面的分隔。

④ 标注墙身剖面图的位置。

3.园林建筑剖面图

① 图名和比例。

② 定位轴线。

③ 剖切断面和没有被剖到但可见部分的轮廓线。

④ 标注尺寸及标高。

4.基础平面图

基础平面图是表示基坑回填土时基础平面布置的图样，一般用房屋室内地面下方的一个水平剖面图来表示。基础平面图的剖视位置在室内地面（正负零）处，一般不得因对称而只画一半。被剖切的墙身（或柱）用粗实线表示，基础底宽用细实线表示。

其主要内容如下：

① 图名、比例、表示建筑朝向的指北针。

② 与建筑平面图一致的纵横定位轴线及其编号，一般外部尺寸只标注定位轴线的间隔尺寸和总尺寸。

③ 基础的平面布置和内部尺寸，即基础墙、基础梁、柱、基础底面的形状、尺寸及其与轴线的关系。

④ 以虚线表示暖气、电缆等沟道的路线布置，穿墙管洞应分别标明其尺寸、位置与洞底标高。

⑤ 剖面图的剖切线及其编号，对基础梁、柱等注写基础代号，以便查找详图。

5.基础详图

基础详图用于表达基础各部分的形状、大小、构造和埋置深度。条形基础的详图一般采用垂直断面图表示，条形基础凡构造和尺寸等不同的部位都应画基础详图。独立基础的详图用垂直剖面图和平面图表示，为了明显地表示基础板内双向配筋情况，可在平面图的一个角上采用局部剖面。

不同类型的基础，其详图的表示方法有所不同。如条形基础的详图一般为基础的垂直剖面图；独立基础的详图一般应包括平面图和剖面图。基础详图的主要内容如下：

① 图名、比例。

② 基础剖面图中轴线及其编号，若为通用剖面图，则轴线圆圈内可不编号。

③ 基础剖面的形状及详细尺寸。

④ 室内地面及基础底面的标高，外墙基础还需注明室外地坪之相对标高，如有沟槽者还应标明其构造关系。

⑤ 钢筋混凝土基础应标注钢筋直径、间距及钢筋编号；现浇基础尚应标注预留插筋、搭接长度与位置及箍筋加密等；对桩基础应表示承台、配筋及桩尖埋深等。

3.3 园林绿化工程图识读

3.3.1 园林绿地规划设计图例及说明

1.建筑物

建筑物图例如图 3-25 所示。

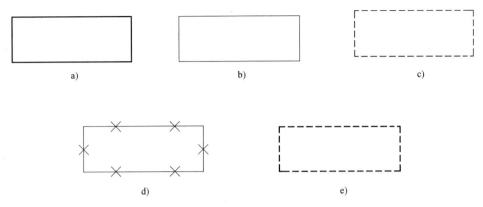

图 3-25　建筑物图例

a）规划的建筑物，用粗实线表示　b）原有的建筑物，用细实线表示　c）规划扩建的预留地或建筑物，用中虚线表示
d）拆除的建筑物，用细实线表示　e）地下建筑物，用粗虚线表示

2. 屋顶建筑

屋顶建筑图例如图 3-26 所示。

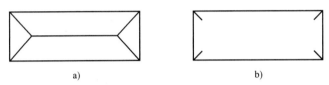

图 3-26　屋顶建筑图例

a）坡屋顶建筑，适用于包括瓦顶、石片顶、饰面砖顶等的建筑　b）草顶建筑或简易建筑

3. 工程设施

（1）挡土墙

挡土墙图例如图 3-27 所示。

此图例中突出的一侧表示被挡土的一方。

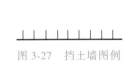

图 3-27　挡土墙图例

（2）雨水排水沟

雨水排水沟图例如图 3-28 所示。

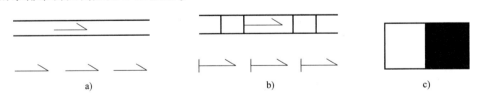

图 3-28　雨水排水沟图例

a）排水明沟。其中，上面的图例用于比例较大的图面，下面的图例用于比例较小的图面

b）有盖的排水沟。其中，上面的图例用于比例较大的图面，下面的图例用于比例较小的图面　c）雨水井

（3）消火栓井及喷灌点

消火栓井及喷灌点图例如图 3-29 所示。

（4）园路及地面

园路及地面图例如图 3-30 所示。

图 3-29　消火栓井及喷灌点图例

a）消火栓井，上部用一条直线　b）喷灌点，上部用两个并列的曲线

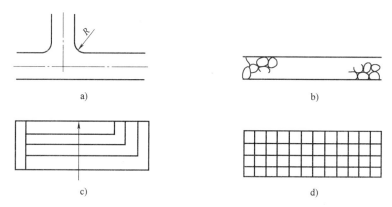

图 3-30　园路及地面图例

a）道路　b）铺装路面　c）台阶，其中箭头指向表示向上　d）铺砌场地。在实际工作中，也可依据设计形态表示

（5）桥

桥的图例如图 3-31 所示。

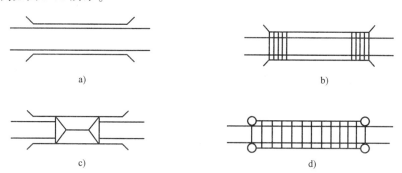

图 3-31　桥的图例

a）车行桥。在实际工作中，也可依据设计形态表示　b）人行桥。在实际工作中，也可依据设计形态表示

c）亭桥　d）铁索桥

（6）其他园林建筑

其他园林建筑图例如图 3-32 所示。

（7）码头

码头图例如图 3-33 所示。

（8）驳岸

驳岸图例如图 3-34 所示。

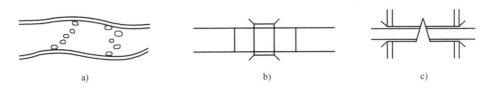

图 3-32 其他园林建筑图例

a）图例表示汀步 b）图例表示涵洞 c）图例表示水闸

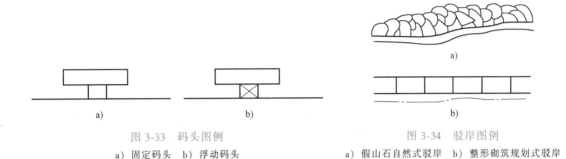

图 3-33 码头图例

a）固定码头 b）浮动码头

图 3-34 驳岸图例

a）假山石自然式驳岸 b）整形砌筑规划式驳岸

3.3.2 城市绿地系统规划图例及说明

1. 绿地系统工程设施

工程设施图例如图 3-35 所示。

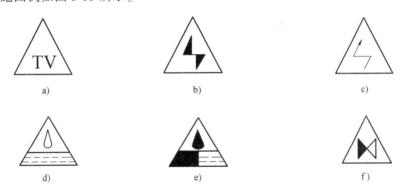

图 3-35 工程设施图例

a）电视差转台 b）发电站 c）变电所 d）给水厂 e）污水处理厂 f）垃圾处理站

注：图中图例外围均用实线绘制等边三角形。

2. 游览路

游览路图例如图 3-36 所示。

3. 用地类型

（1）绿地

绿地图例如图 3-37 所示。

（2）村镇、市政等各类用地

村镇、市政等各类用地图例如图 3-38 所示。

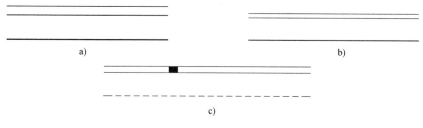

图 3-36　游览路图例

a）公路、汽车游览路。其中，上图以双线表示，用中实线；下图以单线表示，用粗实线

b）小路、步行游览路。其中，上图以双线表示，用细实线；下图以单线表示，用中实线

c）山地步游小路。其中，上图以双线加台阶表示，用细实线；下图以单线表示，用虚线

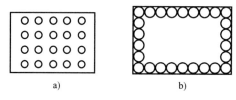

图 3-37　绿地图例

a）游憩、观赏绿地　b）防护绿地

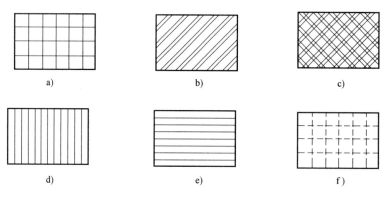

图 3-38　村镇、市政等各类用地图例

a）村镇建设用地，用水平线及垂直线分割成小方格表示　b）风景游览用地，用斜线与水平线成45°角表示

c）旅游度假用地，用斜线交叉表示　d）市政设施用地，用垂直线表示　e）农业用地，用水平线表示

f）文物保护用地，可以表示地面和地下两大类文物保护地，若为地下文物保护地，图中外框用粗虚线表示

（3）花、草、林用地

花、草、林用地图例如图 3-39 所示。

3.3.3　种植工程常用图例及说明

1. 落叶阔叶乔木

落叶阔叶乔木图例如图 3-40 所示。

① 图例内部不填斜线；

② 外围线用弧裂形或圆形线；

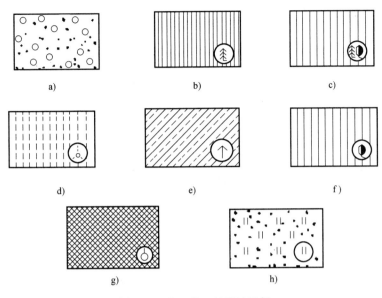

图 3-39　花、草、林用地图例

a) 苗圃、花圃用地　b) 针叶林地　c) 针阔混交林地　d) 灌木林地　e) 竹林地
f) 阔叶林地　g) 经济林地　h) 草原、草甸

注：b)~g) 图例中，如果要区分天然林地、人工林地，可用细线界框表示天然林地，粗线界框表示人工林地。

③ 外形呈圆形；

④ 图例中粗线三角表示现有乔木，细线小十字表示设计乔木；

⑤ 凡大片树林可省略图例中的小三角、小十字及黑点。

2. 常绿阔叶乔木

常绿阔叶乔木图例如图 3-41 所示。

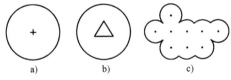

图 3-40　落叶阔叶乔木图例

a) 单株设计　b) 单株现状　c) 群植

图 3-41　常绿阔叶乔木图例

a) 单株设计　b) 单株现状　c) 群植

① 此图例加画 45°细斜线；

② 外围线用圆形线；

③ 外形呈圆形；

④ 图例中粗线三角表示现有乔木，细线小锯齿表示设计乔木；

⑤ 凡大片树林可省略图例中的三角、小十字及
黑点。

3. 落叶针叶乔木

落叶针叶乔木图例如图 3-42 所示。

① 此图例不填斜线；

② 外围线用锯齿形或斜刺形线；

图 3-42　落叶针叶乔木图例

③ 外形呈圆形；

④ 图例中粗线小圆表示现有乔木，细线小十字表示设计乔木；

⑤ 凡大片树林可省略图例中的小圆、小十字及黑点。

4. 常绿针叶乔木

常绿针叶乔木图例如图 3-43 所示。

① 此图例加画 45°细斜线；

② 外围线用锯齿形或斜刺形线；

③ 外形呈圆形；

④ 图例中粗线三角表示现有乔木，细线小锯齿表示设计乔木；

⑤ 凡大片树林可省略图例中的小三角、小十字及黑点。

5. 落叶阔叶灌木

落叶阔叶灌木图例如图 3-44 所示。

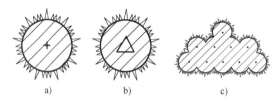

图 3-43　常绿针叶乔木图例

a）单株设计　b）单株现状　c）群植

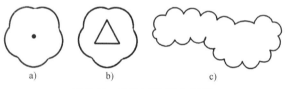

图 3-44　落叶阔叶灌木图例

a）单株设计　b）单株现状　c）群植

① 此图例不填斜线；

② 外形呈不规则形；

③ 图例中黑圆圈及三角形表示种植位置；

④ 凡大片树林可省略图例中的黑圆圈及三角形。

6. 常绿灌木

常绿灌木图例如图 3-45 所示。

① 此图例加画 45°细斜线；

② 外形呈不规则形；

③ 图例中黑点及三角形表示种植位置；

④ 凡大片树林可省略图例中的小十字、黑点及三角形。

7. 树干形态

树干形态图例如图 3-46 所示。

8. 树冠状态

树冠状态图例如图 3-47 所示。

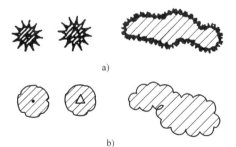

图 3-45　常绿灌木图例

a）常绿针叶灌木　b）常绿阔叶灌木

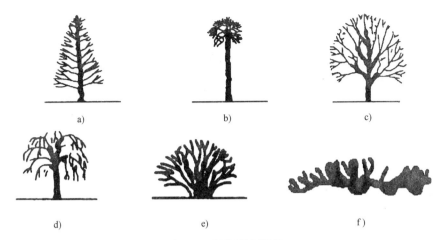

图 3-46　树干形态图例

a）主轴干侧分枝形　b）主轴干无分枝形　c）无主轴干多枝形　d）无主轴干垂枝形
e）无主轴干丛生形　f）无主轴干匍匐形

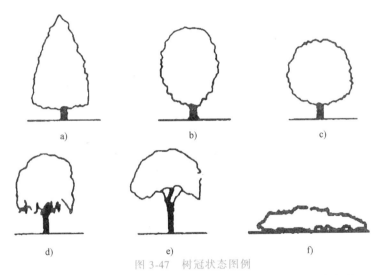

图 3-47　树冠状态图例

a）圆锥形　b）椭圆形　c）圆球形　d）垂枝形　e）伞形　f）匍匐形

注：圆锥形图例中树冠轮廓线，凡针叶树用锯齿形；凡阔叶树用弧裂形表示。

3.4　园路、园桥、假山工程识图

3.4.1　园路、园桥、假山工程常用识图图例

常用材料图例及说明如下：

1. 砖石材料

砖石材料图例如图 3-48 所示。

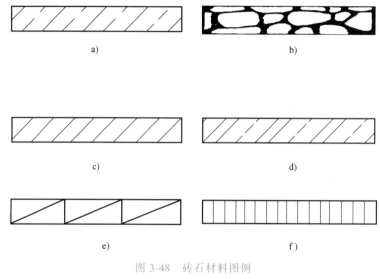

图 3-48　砖石材料图例

a）天然石材　b）毛石　c）普通砖　d）耐火砖　e）空心砖　f）饰面砖

2. 混凝土

混凝土图例如图 3-49 所示。

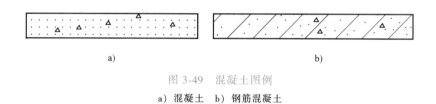

图 3-49　混凝土图例

a）混凝土　b）钢筋混凝土

3. 板材

板材图例如图 3-50 所示。

4. 其他材料

其他材料图例如图 3-51 所示。

3.4.2　园路、园桥、假山的构造及示意图

1. 园路

在园林工程中，园路的结构形式比较多，通常采用图 3-52 所示的结构形式。

2. 园桥桥面

桥面是指桥梁上构件的上表面。通常布置要求为线形平顺，与路线顺利搭接。城市桥梁在平面上宜做成直桥，特殊情况下可做成弯桥，若采用曲线形，应符合线路布设要求。桥梁平面布置应尽量采用正交方式，避免与河流或桥上路线斜交。若受条件限制，跨线桥斜度不

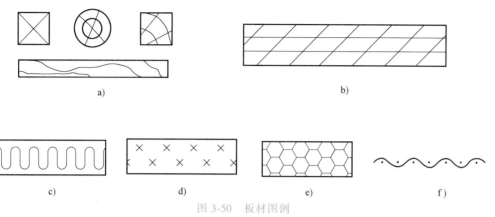

图 3-50　板材图例

　a）木材。上图为横断面，左上图为垫木、木砖或木龙骨；下图为纵断面　b）胶合板，应注明为 X 层胶合板
c）纤维材料或人造板，包括矿棉、岩棉、玻璃棉、麻丝、木丝板、纤维板等　d）图例表示石膏板，包括圆孔
或方孔石膏板、防水石膏板、硅钙板、防火石膏板等　e）泡沫塑料材料，包括聚苯乙烯、聚乙烯、聚氨酯等多
聚合物类材料　f）网状材料，包括金属、塑料网状材料，应注明具体材料名称

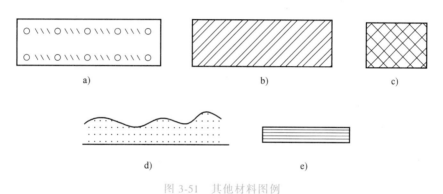

图 3-51　其他材料图例

　a）焦砟、矿渣　b）金属　c）多孔材料　d）松散材料
　e）玻璃，包括平板玻璃、磨砂玻璃、夹丝玻璃、钢化玻璃、中空玻璃、夹层玻璃、镀膜玻璃等

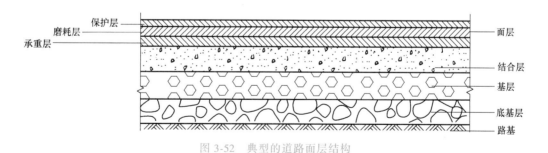

图 3-52　典型的道路面层结构

　宜超过 15°，在通航河流上不宜超过 15°。

　　桥梁桥面的一般构造如图 3-53 所示。

3. 假山驳岸

　　驳岸是一面临水的挡土墙，是支持陆地和防止岸壁坍塌的水工构筑物。

　　由图 3-54 可见，驳岸可分为低水位以下部分，常水位至低水位部分、常水位与高水位之间部分和高水位以上部分。

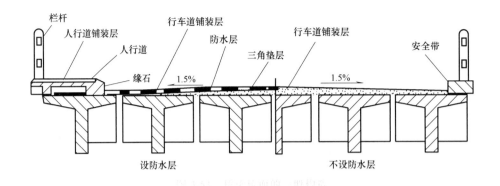

高水位以上部分是不淹没部分，主要受风浪撞击和淘刷、日晒风化或超重荷载，致使下部坍塌，造成岸坡损坏。

常水位至高水位部分（B～A）属周期性淹没部分，多受风浪拍击和周期性冲刷，使水岸土壤遭冲刷而淤积水中，损坏岸线，影响景观。

常水位到低水位部分（B～C）是常年被淹部分，其主要是湖水浸渗冻胀，剪力破坏，风浪淘刷。我国北方地区因冬季结冻，常造成岸壁断裂或移位。有时因波浪淘刷，土壤被掏空后导致坍塌。

C 以下部分是驳岸基础，主要影响地基的强度。

（1）驳岸的造型

驳岸造型分类见图 3-55 所示。

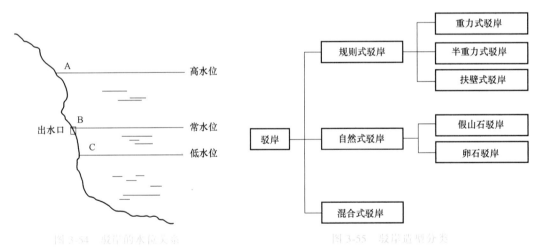

图 3-54 驳岸的水位关系　　　　　图 3-55 驳岸造型分类

1）规则式驳岸是用块石、砖、混凝土砌筑的几何形式的岸壁，例如常见的重力式驳岸、半重力式驳岸、扶壁式驳岸等。规则式驳岸多属永久性的，要求较好的砌筑材料和较高的施工技术。其特点是简洁、规整，但是缺少变化。扶壁式驳岸如图 3-56 所示。

2）自然式驳岸是外观无固定形状或规格的岸坡处理，例如常用的假山石驳岸、卵石驳岸。这种驳岸自然堆砌，景观效果好。常见的浆砌块石式驳岸如图 3-57 所示。

3）混合式驳岸是规则式与自然式驳岸相结合的驳岸造型，如图 3-58 所示。一般为毛石岸墙、自然山石岸顶。混合式驳岸易于施工，具有一定装饰性，适用于地形许可并且有一定

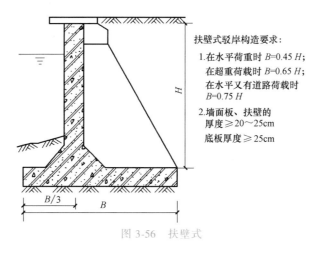

图 3-56 扶壁式

扶壁式驳岸构造要求:
1. 在水平荷重时 $B=0.45H$;
  在超重荷载时 $B=0.65H$;
  在水平又有道路荷载时
  $B=0.75H$
2. 墙面板、扶壁的
  厚度 $\geq 20\sim25$cm
  底板厚度 ≥ 25cm

装饰要求的湖岸。

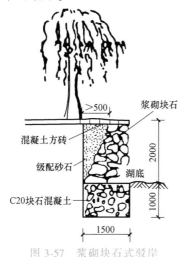

图 3-57 浆砌块石式驳岸

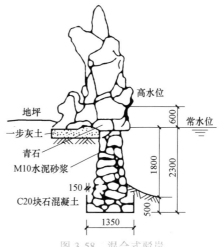

图 3-58 混合式驳岸

（2）桩基类驳岸

桩基是我国古老的水工基础做法,在园林建设中得到广泛应用,至今仍是常用的一种水工地基处理手法。当地基表面为松土层且下层为坚实土层或基岩时最宜用桩基。

桩基驳岸结构示意图由桩基、卡挡石、盖桩石、混凝土基础、墙身和压顶等几部分组成。如图 3-59 所示。卡挡石是桩间填充的石块,起保持木桩稳定的作用。盖桩石为桩顶浆砌的条石,作用是找平桩顶以便浇灌混凝土基础。基础以上部分与砌石类驳岸相同。

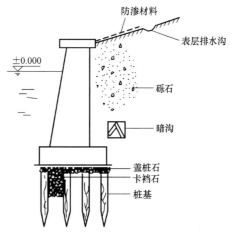

图 3-59 桩基驳岸结构示意图

（3）竹篱驳岸、板墙驳岸

竹桩、板桩驳岸是另一种类型的桩基驳岸。驳岸打桩后，基础上部临水面墙身由竹篱（片）或板片镶嵌而成，适于临时性驳岸。竹篱驳岸造价低廉，取材容易，施工简单，工期短，能使用一定年限，凡盛产竹子，例如毛竹、大头竹、勤竹和撑篙竹的地方均可采用。施工时，竹桩、竹篱要涂上一层柏油，目的是耐腐。竹桩顶端由竹节处截断以防雨水积聚，竹片镶嵌紧密牢固，如图3-60和图3-61所示。

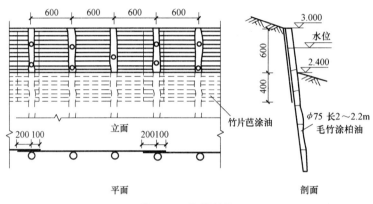

图 3-60　竹篱驳岸

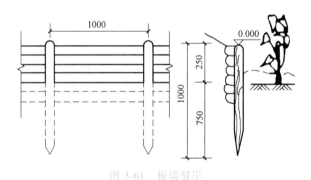

图 3-61　板墙驳岸

由于竹篱缝很难做得密实，这种驳岸不耐风浪冲击、淘刷和游船撞击，岸土很容易被风浪淘刷，造成岸篱分开，最终失去护岸功能。所以，此类驳岸适用于风浪小，岸壁要求不高，土壤较黏的临时性护岸地段。

3.5　园林景观工程识图

3.5.1　园林景观工程常用识图图例

1. 水池、花架及小品工程图例及说明

（1）水池

水池常用图例如图3-62所示。

该图中图例并不表示具体形态，实际工作中可依据设计形态表示。

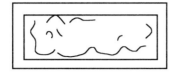 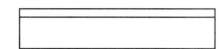

a)　　　　　　　　　　　b)　　　　　　　　　　　　　　　c)

图 3-62　水池常用图例

a）雕塑　b）花台　c）座凳

（2）花架

花架图例如图 3-63 所示。

说明：此图例并不表示具体形态，实际中可依据设计形态

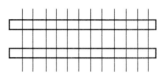

表示。

（3）小品

小品工程常用图例如图 3-64 所示。

图 3-63　花架图例

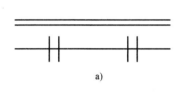 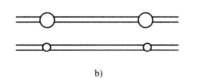 

a)　　　　　　　　　　　　　　b)　　　　　　　　　　　　　c)

d)　　　　　　　　　　　　　　e)

图 3-64　小品工程常用图例

a）围墙，上图为实砌或漏空围墙，下图为栅栏或篱笆围墙　b）栏杆，上图为非金属栏杆，下图为金属栏杆

c）园灯　d）饮水台　e）指示牌

2. 喷泉工程图例及说明

（1）喷泉

喷泉图例如图 3-65 所示。

说明：此图例仅表示位置，不表示具体形态。

（2）阀门（通用）、截止阀

阀门（通用）、截止阀图例如图 3-66 所示。

 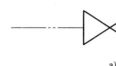 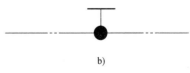

a)　　　　　　　　　　　　　b)

图 3-65　喷泉图例　　　　　　　图 3-66　阀门（通用）、截止阀图例

a）阀门（通用）　b）截止阀

① 实际工作中没有说明时，此图例表示螺纹连接；法兰连接时用—|▷◁|—表示；焊接时用—●▷◁●—表示。

② 轴测图画法：阀杆为垂直用 表示；阀杆为水平用 表示。

（3）阀门

阀门图例如图 3-67 所示。

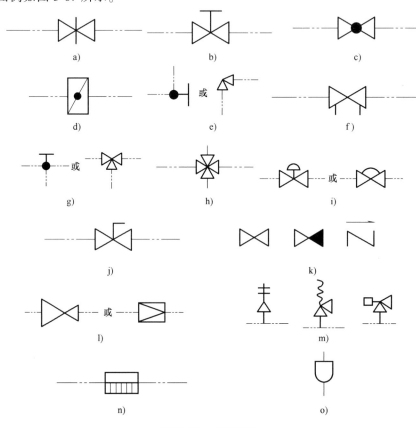

图 3-67　阀门图例

a）闸阀　b）手动调节阀　c）球阀、转心阀　d）蝶阀　e）角阀　f）平衡阀　g）三通阀　h）四通阀
i）膨胀阀，也称"隔膜阀"　j）快放阀，也称"快速排污阀"　k）单向阀。左图、中图为通用画法，流法均由空白三角形至非空白三角形；中图也代表升降式单向阀；右图代表旋启式单向阀　l）减压阀，左图小三角为高压端，右图右侧为高压端　m）溢流阀，左图为通用，中图为弹簧溢流阀，右图为重锤溢流阀　n）疏水阀。在不致引起误解时，也可用—◐—表示，也称"疏水器"　o）自动排气阀

（4）介质流向

介质流向图例如图 3-68 所示。

说明：在管道断开处时，流向符号宜标注在管道中心线上。

（5）坡度及坡向

坡度及坡向图例如图 3-69 所示。

说明：坡度数值不宜与管道起、止点标高同时标注。标注位置同管径标注位置。

图 3-68　介质流向图例　　　　　　　图 3-69　坡度及坡向图例

3.5.2　园林景观的构造及示意图

1. 亭

亭的体形小巧，造型多样。亭的柱身部分，大多开敞、通透，置身其间有良好的视野，便于眺望、观赏。柱间下部分常设半墙、坐凳或鹅颈椅，供游人坐憩。亭的上半部分长悬纤细精巧的挂落，用以装饰。亭的占地面积小，最适合于点缀园林风景，也易与园林中各种复杂的地形、地貌相结合，与环境融于一体。

亭的各种形式见表 3-5 所示。

表 3-5　亭的各种形式

名称	平面基本形式示意图	立体基本形式示意图	平面里面组合形式示意图
三角亭			
方亭			
长方亭			
六角亭			
八角亭			
圆亭			
扇形亭			
双层亭			

2. 廊

廊又称游廊，是起交通联系、连接景点的一种狭长的棚式建筑，它可长可短，可直可曲，随形而弯。园林中的廊是亭的延伸，是联系风景点建筑的纽带，随山就势，透迤蜿蜒，曲折迂回。廊既能引导视角多变的导游交通路线，又可划分景区空间，丰富空间层次，增加景深，是我国园林建筑群体中的重要组成部分。

廊的基本形式见表3-6所示。

表3-6 廊的基本形式

3. 喷泉

1）普通装饰性喷泉。它是由各种普通的水花图案组成的固定喷水型喷泉，其构造如图3-70a所示。

2）与雕塑结合的喷泉。喷泉的各种喷水花型与雕塑、水盘、观赏柱等共同组成景观。其构造如图3-70b所示。

3）水雕喷泉。用人工或机械塑造出各种抽象的或具象的喷水水形，其水形呈某种艺术性"形体"的造型。其构造如图3-70c所示。

4）自控喷泉。它是利用各种电子技术，按设计程序来控制水、光、音、色的变化，从而形成变幻多姿的奇异水景。其构造如图3-70d所示。

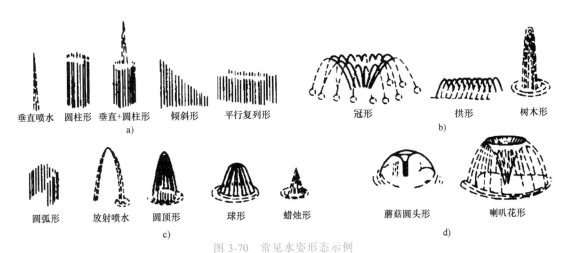

垂直喷水　圆柱形　垂直+圆柱形　倾斜形　平行复列形

a)

冠形　　　　拱形　树木形

b)

圆弧形　放射喷水　圆顶形　球形　蜡烛形　蘑菇圆头形　喇叭花形

c)　　　　　　　　　　　　　　　　　　　　d)

图 3-70　常见水姿形态示例

a）普通装饰性喷泉　b）与雕塑结合的喷泉　c）艺术性"形体"喷泉　d）自控喷泉

第**4**章 绿化工程

4.1 工程量计算依据一览表

新的清单规范绿化工程划分的子目包含绿地整理、栽植花木、绿地喷灌 3 节，共 30 个项目。

绿化工程计算依据见表 4-1~表 4-3 所示。

表 4-1　绿化工程绿地整理计算依据

项目名称	清单规则	定额规则
砍伐乔木	按数量计算	根据树干的胸径或区分不同胸径范围，按实际树木的数量计算
挖树根(兜)	按数量计算	按株计算
砍挖灌木丛及根	1. 以株计量，按数量计算。 2. 以平方米计量，按面积计算	根据灌木丛高或区分不同丛高范围，按实际灌木数量计算
砍挖竹及根	按数量计算	按数量计算
砍挖芦苇(或其他水生植物及根)	按面积计算	按设计图示尺寸以面积计算
清除草皮	按面积计算	按面积计算
清除地被植物	按面积计算	按面积计算
屋面清理	按设计图示尺寸以面积计算	按设计图示尺寸以面积计算
种植土回(换)填	1. 以立方米计量，按设计图示回填面积乘以回填厚度以体积计算。 2. 以株计量，按设计图示数量计算	按设计图示尺寸以面积计算
整理绿化用地	按设计图示尺寸以面积计算	按设计图示尺寸以面积计算
绿地起坡造型	按设计图示尺寸以体积计算	按设计图示尺寸以体积计算
屋顶花园基底处理	按设计图示尺寸以面积计算	分作法按面积计算

表 4-2　绿化工程栽植花木计算依据

项目内容	清单规则	定额规则
栽植乔木	按设计图示数量计算	根据不同胸径按设计图示数量计算

（续）

项目内容	清单规则	定额规则
栽植灌木	1. 以株计量,按设计图示数量计算。 2. 以平方米计量,按设计图示尺寸以绿化水平投影面积计算	根据不同高度按设计图示数量计算
栽植竹类	按设计图示数量计算	按设计图示数量(3~5根/株/丛)计算
栽植棕榈类		按设计图示数量计算
栽植绿篱	1. 以米计量,按设计图示长度以延长米计算。 2. 以平方米计量,按设计图示尺寸以绿化水平投影面积计算	不论单排、双排,均以"延长米"计算
栽植攀缘植物	1. 以株计量,按设计图示数量计算。 2. 以米计量,按设计图示种植长度以延长米计算	根据不同生长年限按设计图示数量计算
栽植色带	按设计图示尺寸以绿化水平投影面积计算	按设计图示尺寸以绿化投影面积计算
栽植花卉	1. 以株(丛、缸)计量,按设计图示数量计算。 2. 以平方米计量,按设计图示尺寸以水平投影面积计算	按设计图示数量计算
栽植水生植物		
垂直墙体绿化种植	1. 以平方米计量,按设计图示尺寸以绿化水平投影面积计算。 2. 以米计量,按设计图示种植长度以延长米计算	
花卉立体布置	1. 以单体(处)计量,按设计图示数量计算。 2. 以平方米计量,按设计图示尺寸以面积计算	根据设计图示要求的种类、规格分别按设计图示数量、设计图示面积计算
铺种草皮	按设计图示尺寸以绿化投影面积计算	按设计图示尺寸以绿化投影面积计算
喷播植草(灌木)籽		根据不同的坡度比、坡长按设计图示尺寸以绿化面积计算
植草砖内植草		按设计图示尺寸以绿化投影面积计算
挂网	按设计图示尺寸以挂网投影面积计算	—
箱/钵栽植	按设计图示箱/钵数量计算	—

表4-3 绿化工程绿地喷灌计算依据

项目名称	清单规则	定额规则
喷灌管线安装	按设计图示管道中心线长度以延长米计算,不扣除检查(阀门)井、阀门、管件及附件所占的长度	管道按设计图示管道中心线长度计算;不扣除阀门、管件及附件等所占的长度;立体花坛管道应根据图示要求计算立体花坛解体处的管道拼接长度
喷灌配件安装	按设计图示数量计算	按设计图示数量计算

4.2 工程案例实战分析

4.2.1 问题导入

相关问题：

① 绿化工程的种类有哪些？

② 砍挖灌木的工程量计算规则是什么？

③ 屋顶花园的基底如何处理？

④ 栽植灌木的工作内容有哪些？

⑤ 苗木的计算有哪些规定？

4.2.2 案例导入与算量解析

1. 砍伐乔木

（1）名词概念

乔木是指树身高大的树木，由根部发生独立的主干，树干和树冠有明显区分，主干通常高达 6 米至数十米的木本植物。又可依其高度而分为伟乔（31m 以上）、大乔（21~30m）、中乔（11~20m）、小乔（6~10m）四级。如图 4-1、图 4-2 所示。

视频 4-1：乔木

图 4-1 落叶乔木

图 4-2 常绿乔木

（2）实际案例算量解析

【例 4-1】 某公园有一片绿地如图 4-3、图 4-4 所示，种植了 7 株落叶阔叶乔木（离地 20cm 处树干直径在 30cm 以内），现需重新整理，将之前所种的乔木砍伐，试求其定额及清单工程量。

【解】

（1）识图内容

通过题干内容可知图中种植了 7 株落叶阔叶乔木。

（2）工程量计算

① 清单工程量

砍伐乔木数量 = 7（株）

② 定额工程量

定额工程量同清单工程量。

【小贴士】　式中：7 为落叶阔叶乔木数量。

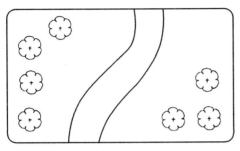

图 4-3　公园绿地平面示意图

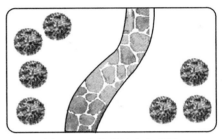

图 4-4　公园绿地实物意图

2. 挖树根（蔸）

（1）名词概念

把树干接近根部的部分称为"树蔸"。如图 4-5 所示。

（2）实际案例算量解析

【例 4-2】　某小区内有绿化工程如图 4-6、图 4-7 所示，有 13 株常绿阔叶乔木（离地 20cm 处树干直径在 30cm 以内），现需重新整理，将之前所种的乔木砍伐并挖树根，试求其定额及清单工程量。

图 4-5　树根示意图

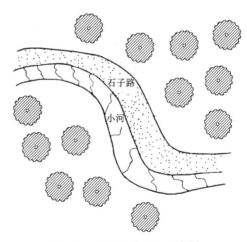

图 4-6　小区绿化平面示意图

【解】

（1）识图内容

通过题干内容可知图中种植了 13 株常绿阔叶乔木。

（2）工程量计算

① 清单工程量

砍伐乔木数量 = 13（株）

挖树根数量 = 13（株）

② 定额工程量

定额工程量同清单工程量。

【小贴士】 式中：13 为常绿阔叶乔木数量。

3. 砍挖灌木丛及根

（1）名词概念

灌木指那些没有明显的主干、呈丛生状态比较矮小的树木，一般可分为观花、观果、观枝干等几类，矮小而丛生的木本植物。一般为阔叶植物，也有一些针叶植物是灌木，如刺柏。如果越冬时地面部分枯死，但根部仍然存活，第二年继续萌生新枝，则称为"半灌木"。如一些蒿类植物，也是多年生木本植物，但冬季枯死。常见灌木有玫瑰、杜鹃、牡丹、小檗、黄杨、沙地柏、铺地柏、连翘、迎春、月季、荆、茉莉和沙柳等。如图 4-8 所示。

音频 4-1：砍挖灌木丛及根

视频 4-2：灌木

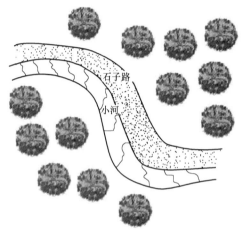
图 4-7 小区绿化实物示意图

图 4-8 灌木

（2）实际案例算量解析

【例 4-3】 某公园内有绿化工程如图 4-9、4-10 所示，需要砍挖一片紫叶小檗（落叶灌木），和 4 株常绿阔叶灌木，紫叶小檗的面积为 8m²，试求其定额及清单工程量。

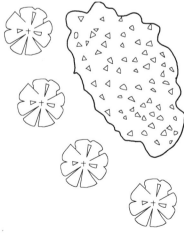
图 4-9 公园绿化平面示意图

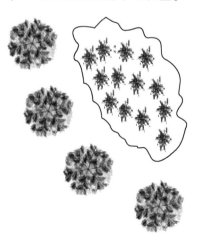
图 4-10 公园绿化实物示意图

【解】

（1）识图内容

通过题干内容可知图中种植了 4 株常绿阔叶灌木，紫叶小檗的种植面积为 $8m^2$。

（2）工程量计算

① 清单工程量

砍挖常绿阔叶灌木数量 = 4（株）

砍挖灌木丛（紫叶小檗）种植面积 = 8（m^2）

② 定额工程量

砍挖常绿阔叶灌木数量 4 株，砍挖灌木丛（紫叶小檗）种植面积 $8m^2$。

【小贴士】　式中：4（株）为常绿阔叶灌木数量，8（m^2）为紫叶小檗的种植面积。

4. 清除草皮

（1）名词概念

草皮是由草本植物活体及残体所构织成的紧实的土壤有机质层，位于土壤剖面上部近地表处。草皮层的下部，往往有相当数量的富含腐殖质的矿质土粒。它一般在两种情况下形成：

视频 4-3：草皮

① 在地表和土壤体比较湿润甚至过湿的条件下，形成似泥炭质的草皮层，如草甸沼泽土和沼泽土。

② 在寒冷而相对湿润的条件下，形成干泥炭状的草皮层，如高山、亚高山草甸土。其成因是由于湿润或寒冷的条件限制了微生物的活动强度，使有机残体的腐殖化、矿质化作用相对较弱所致。如图 4-11 所示。

（2）实际案例算量解析

【例 4-4】　某别墅内有绿化工程如图 4-12、图 4-13 所示，需要将原有草皮清除，草皮的面积为 $24m^2$，试求其定额及清单工程量。

图 4-11　草皮

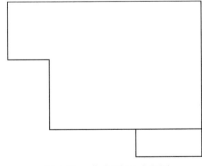

图 4-12　草皮平面示意图

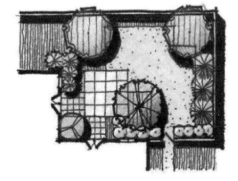

图 4-13　草皮实物示意图

【解】

（1）识图内容

通过题干内容可知图中草皮的种植面积为 $24m^2$。

（2）工程量计算

① 清单工程量

清除草皮工程量 = 24（m²）

② 定额工程量

定额工程量同清单工程量。

【小贴士】 式中：24（m²）为草皮的种植面积。

音频 4-2：整理
绿化用地

5. 整理绿化用地

（1）名词概念

绿化用地是指公园、动植物园、陵园、风景名胜、防护林、水源保护林以及其他公共绿地等用地。如图 4-14 所示。

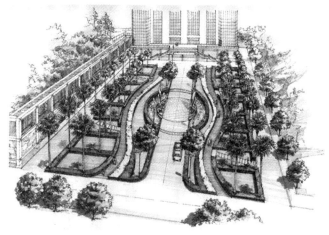

图 4-14 绿化用地

（2）实际案例算量解析

【例 4-5】 某公共绿地如图 4-15、图 4-16 所示，需要整理绿化用地，绿化用地的面积为 24m²，试求其定额及清单工程量。

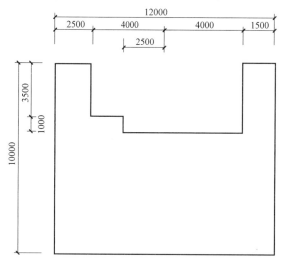

图 4-15 公共绿地平面示意图

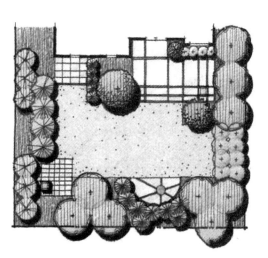

图 4-16 公共绿地实物示意图

【解】

（1）识图内容

通过题干内容可知图中公共绿地的长为 12m，宽为 10m。

（2）工程量计算

① 清单工程量

整理绿化用地工程量 = $12\times10-(4+4)\times3.5-1\times(2.5+4)$ = $85.5(m^2)$

② 定额工程量

定额工程量同清单工程量。

【小贴士】　式中：12×10 为公共绿地的范围面积，$(4+4)\times3.5-1\times(2.5+4)$ 为扣除的面积。

【例 4-6】　如图 4-17 所示为一个绿化用地，该地为一个不太规则的绿地，各尺寸在图中已标出，试求其绿地整理的定额及清单工程量。

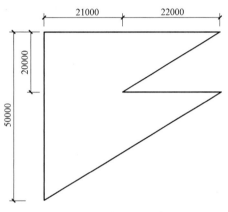

图 4-17　绿化用地示意图

【解】

（1）识图内容

通过题干内容可知图中公共绿地的长为 50m，宽为 43m。

（2）工程量计算

① 清单工程量

整理绿化用地工程量 = $50\times(21+22)-1/2\times20\times22-1/2\times(50-20)\times(21+22)$ = $1285(m^2)$

② 定额工程量

定额工程量同清单工程量为 $1285m^2$。

【小贴士】　式中：$50\times(21+22)$ 为矩形公共绿地补全后的面积，$1/2\times20\times22$ 为需扣除的上部小三角形的面积，$1/2\times(50-20)\times(21+22)$ 为需扣除的下部大三角形的面积。

6. 屋顶花园基底处理

（1）名词概念

屋顶花园的设计和建造要巧妙利用主体建筑物的屋顶、平台、阳台、窗台、女儿墙和墙面等开辟绿化场地，并使之有园林艺术的感染力。屋顶花园不但降温隔热效果优良，而且能美化环境、净化空气、改善局部小气候，还能丰富城市的俯仰景观，能补偿建筑物占用的绿化地面，大大提高了城市的绿化覆盖率，是一种值得大力推广的屋面形式。屋顶花园平面图如图 4-18 所示。

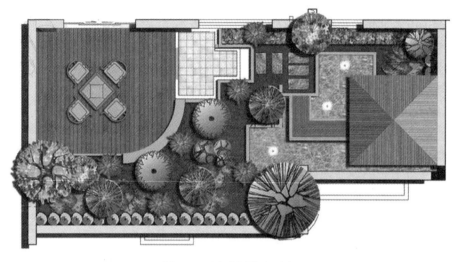

图 4-18 屋顶花园平面图

（2）实际案例算量解析

【例 4-7】 某屋顶花园平面图如图 4-19、图 4-20 所示，需要进行基底处理，试求其定额及清单工程量。

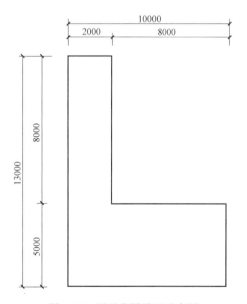

图 4-19 屋顶花园平面示意图

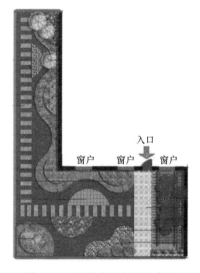

图 4-20 屋顶花园实物示意图

【解】

（1）识图内容

通过题干内容可知图中屋顶花园的长为 13m，宽为 10m。

（2）工程量计算

① 清单工程量

整理绿化用地工程量 = 13×10−8×8 = 66（ m² ）

② 定额工程量

定额工程量同清单工程量。

【小贴士】 式中：13×10 为矩形屋顶花园的面积，8×8 为需扣除的面积。

【例 4-8】 图 4-21 所示为某屋顶花园，各尺寸如图所示，求屋顶花园基底处理工程量（找平层厚150mm，防水层厚 140mm，过滤层厚 40mm，需填轻质土壤 150mm）。

【解】

（1）识图内容

通过题干内容可知图中屋顶花园的长为（12+1.9+0.8）即 14.7m，宽为（5+2+5.5）即 12.5m。

（2）工程量计算

① 清单工程量

整理绿化用地工程量 =（12+1.9+0.8）×5+12×2+（12+1.9）×5.5
= 73.5+24+76.45 = 173.95（ m² ）

② 定额工程量

定额工程量同清单工程量。

【小贴士】 式中：把上图分为三个小矩形来算，（12+1.9+0.8）×5 为最上面一块矩形的面积，12×2 为中间矩形面积，（12+1.9）×5.5 为最下部矩形面积。

7. 栽植乔木

（1）名词概念

栽植是指种植秧苗、树苗或大树的作业。包括移植和定植；也分为裸根栽植和带土球移植。裸根栽植，以根部不带土的幼苗直接栽植，多用于落叶乔、灌木和宿根草本植物，带土栽植多用于常绿树木和一年生草本植物。如图 4-22 所示。

音频 4-3：栽植苗木土方工程量计算规则

图 4-21 屋顶花园平面示意图

图 4-22 栽植乔木

（2）实际案例算量解析

【例 4-9】 某花园平面图如图 4-23、图 4-24 所示，需要栽植樟树（乔木）4 株，试求其定额及清单工程量。

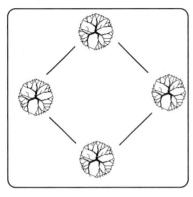

图 4-23 栽植乔木平面示意图

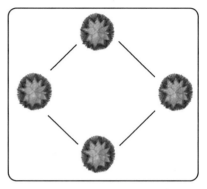

图 4-24 栽植乔木实物示意图

【解】

（1）识图内容

通过题干内容可知图中需要栽植乔木 4 株。

（2）工程量计算

① 清单工程量

栽植乔木工程量 = 4（株）

② 定额工程量

定额工程量同清单工程量。

【小贴士】 式中：4 为栽植乔木数量。

【例 4-10】 某场地要栽植 5 株黄山栾（胸径 5.6~7cm，高 4.0~5m，球径 60cm，定杆高 3~3.5m）；种植在 3m×35m 的区域内，其中树池深度是 0.6m，树下铺植草坪，养护乔木为半年，如图 4-25 所示。试计算其工程量。

【解】

（1）识图内容

通过题干内容可知图中需要栽植乔木 4 株。

（2）工程量计算

① 清单工程量

a. 铺种草皮

$S_{草} = S_{总} - S_{树池} = 3 \times 35 - (1 + 0.12 \times 2)^2 \times 5 = 97.31$

（m²）

b. 树池

$V = [(1 + 0.12 \times 2)^2 - 1^2] \times 0.6 \times 5 = 1.61 (\text{m}^3)$

c. 栽植乔木

栽植乔木工程量 = 5（株）

② 定额工程量

定额工程量同清单工程量。

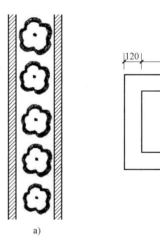

图 4-25 某场地种植示意图

a）种植带 b）树池

【小贴士】 式中：5 为栽植乔木数量，$[(1 + 0.12 \times 2)^2 - 1^2]$ 为外圈大矩形减去内部小矩形后剩下的树池面积，0.6 为树池的深度，据此可得出一个树池的体积。

8.栽植绿篱

（1）名词概念

绿篱植物是园林中用于密集栽植形成生篱的木本植物。充作绿篱的植物要求枝叶繁茂，耐修剪且再生力强，适于在密植条件下生长，寿命较长，能在当地越冬且枝叶不受寒害，容易繁殖而获得大量苗木，耐移植等。比较常见的十大绿篱植物有金叶女贞、小叶女贞、紫叶小檗、大叶黄杨、小叶黄杨、侧柏、圆柏、玫瑰、连翘和紫穗槐。如图 4-26 所示。

视频 4-4：绿篱

图 4-26　栽植绿篱

（2）实际案例算量解析

【例 4-11】　某花园平面图如图 4-27、图 4-28 所示，需要栽植绿篱，试求其定额及清单工程量。

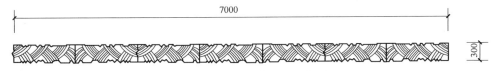

图 4-27　栽植绿篱平面示意图

【解】

（1）识图内容

通过题干内容可知图中需要栽植绿篱的长为7m，宽为30cm。

（2）工程量计算

① 清单工程量

以米计量，栽植绿篱工程量 = 7（m）

以平方米计量，栽植绿篱工程量 = 7×0.3 = 2.1（m²）

② 定额工程量

以米计量，栽植绿篱工程量 = 7（m）

图 4-28　栽植绿篱实物示意图

【小贴士】　式中：7 为需要栽植绿篱的长度，0.3 为栽植绿篱的宽度。

【例 4-12】　如图 4-29 所示为某小区绿化中的局部绿篱示意图，分别计算单排绿篱、双排绿篱及 6 排绿篱工程量。

弧长17.6m

图 4-29 栽植绿篱平面示意图

【解】

（1）识图内容

通过题干内容可知图中需要栽植绿篱的长为 17.6m，宽为 0.75m。

（2）工程量计算

① 清单工程量

由表 4-2 的工程量清单规则可知，单排绿篱、双排绿篱均按设计图示长度以"米"计算，而多排绿篱则按设计图示以"平方米"计算，则有：

单排绿篱工程量 = 17.60（m）

双排绿篱工程量 = 17.60×2 = 35.20（m）

6 排绿篱工程量 = 17.60×0.75×6 = 79.2（m²）

② 定额工程量

定额工程量同清单工程量。

【小贴士】 式中：17.60 为需要栽植绿篱的长度。

9. 栽植花卉

（1）名词概念

花卉是具有观赏价值的草本植物，是用来描绘欣赏的植物的统称，喜阳且耐寒，具有繁殖功能的短枝，有许多种类。典型的花，在一个有限生长的短轴上，着生花萼、花瓣和产生生殖细胞的雄蕊与雌蕊。花由花冠、花萼、花托、花蕊组成，有各种各样颜色，有的长得很艳丽，有香味。如图 4-30 所示。

视频 4-5：花卉

图 4-30 栽植花卉

（2）实际案例算量解析

【例 4-13】 某小区内花坛平面图如图 4-31、图 4-32 所示，需要栽植花卉，试求其定额及清单工程量。

【解】

（1）识图内容

通过题干内容可知图中需要栽植花卉 15 株，花坛的长度为 6m，宽为 5m。

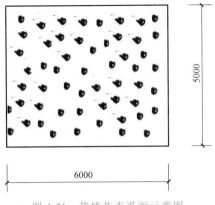

图 4-31 栽植花卉平面示意图

图 4-32 栽植花卉实物示意图

（2）工程量计算

① 清单工程量

以株计量，栽植花卉工程量 = 15（株）

以平方米计量，栽植花卉工程量 = 6×5 = 30（m²）

② 定额工程量

以平方米计量，栽植花卉工程量 = 6×5 = 30（m²）

【小贴士】 式中：15 为需栽植花卉的数量，6 为花坛的长度，5 为花坛的宽度。

10. 铺种草皮

（1）名词概念

草皮是体育场、足球场、广场绿地等铺设的人工培育的绿色植物。连带薄薄的一层泥土铲下来的草，用来铺成草坪，美化环境，或铺在堤岸表面，防止冲刷。草皮的种类则是 75% 的细叶草配 25% 的大叶草。世界杯球场的草皮是一种"人工合成"草皮，即按专家配方人为地将不同的自然草皮合成在一起，其中大约有 70% 是圆锥花序状的草，大约有 30% 是牧草。2006 年世界杯球场所需的草皮一部分在德国当地的达姆施塔特市培育，另一部分则在荷兰的海蒂森市栽培。草皮如图 4-33 所示。

图 4-33 铺种草皮

（2）实际案例算量解析

【例 4-14】 某花园平面图如图 4-34、图 4-35 所示，需要铺种草皮，试求其定额及清单工程量。

【解】

（1）识图内容

通过题干内容可知图中花园的长度为 10m，宽为 5m。

（2）工程量计算

① 清单工程量

以平方米计量，栽植绿篱工程量 = 10×5 = 50（m²）

② 定额工程量

定额工程量同清单工程量。

【小贴士】 式中：10 为花坛的长度，5 为花坛的宽度。

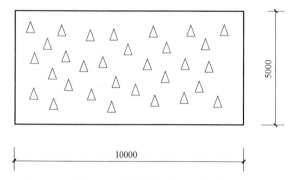

5000

10000

图 4-34 铺种草皮平面示意图

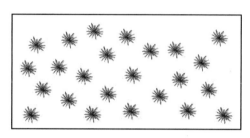

图 4-35 铺种草皮实物示意图

【例 4-15】 图 4-36 所示为某局部绿化示意图，共有 4 个入口，有 4 个一样大小的模纹花坛，求铺种草皮工程量、模纹种植工程量（养护期为三年）。

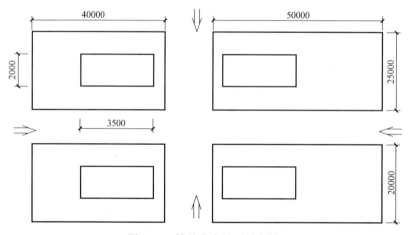

图 4-36 铺种草皮平面示意图

【解】

（1）识图内容

通过题干内容可知图中上部有一个长 40m、宽 25m，一个长 50m、宽 25m 的花草坪；下部为一个长 40m、宽 20m，一个长 50m、宽 20m 的花草坪；四块长 3.5m、宽 2.0m 的花坛。

（2）工程量计算

① 清单工程量

铺种草皮工程量 = 40×25+50×25+40×20+50×20−3.5×2×4 = 4022（m²）

模纹种植工程量 = 3.5×2×4 = 28.00（m²）

② 定额工程量

定额工程量同清单工程量。

【小贴士】 式中：40×25+50×25+40×20+50×20 为铺种草皮面积，3.5×2×4 为花坛的

面积。

11. 植草砖内植草

（1）名词概念

植草路面属于透水透气性铺地之一种。有两种类型，一种为在块料路面铺装时，在块料与块料之间，留有空隙，在其间种草，如冰裂纹嵌草路、空心砖纹嵌草路、人字纹嵌草路等；另一种是制作成可以种草的各种纹样的混凝土路面砖。如图 4-37 所示。

图 4-37 植草砖内植草

（2）实际案例算量解析

【例 4-16】 某一公园中的花园长为 10m，宽为 5m，其植草砖铺装局部示意图如图 4-38 所示，各尺寸见图，在计算时施工工作面宽度按 0.1m 计算，试求工程量。

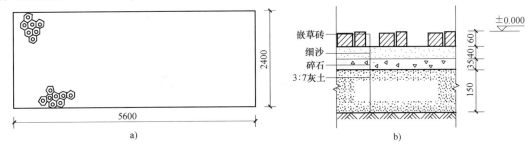

图 4-38 植草砖铺装示意图

a）植草砖铺装平面图 b）植草砖铺装剖面图

【解】

（1）识图内容

通过题干内容可知图中植草砖铺装区域的长度为 5.6m，宽为 2.4m。

（2）工程量计算

① 清单工程量

以平方米计量，植草砖铺装工程量 = 5.6×2.4 = 13.44（m^2）

② 定额工程量

定额工程量同清单工程量。

a. 平整场地

$S_1 = 5.6×2.4 = 13.44$（m^2）

b. 挖土方

$V_1 = 5.6×2.4×(0.15+0.035+0.04) = 3.02$（$m^3$）

c. 原土夯实

$S_2 = 5.6×(2.4+0.1) = 14$（m^2）

d. 3：7 灰土垫层

$V_2 = 5.6×(2.4+0.1)×0.15 = 2.1$（$m^3$）

e. 碎石层

$V_3 = 5.6 \times (2.4 + 0.1) \times 0.035 = 0.49 (\text{m}^3)$

f. 细沙层

$V_4 = 5.6 \times (2.4 + 0.1) \times 0.04 = 0.56 (\text{m}^3)$

g. 嵌草砖：

$S_3 = 5.6 \times 2.4 = 13.44 (\text{m}^2)$

【小贴士】 式中：5.6×2.4 为植草砖铺贴面积。

12. 喷灌管线安装

（1）名词概念

喷灌管道是指连接取水枢纽与喷洒器的压力水管。它是的喷灌的关键设备之一。如图 4-39 所示。

视频 4-6：喷灌

图 4-39 喷灌管道

（2）实际案例算量解析

【例 4-17】 某喷灌管道轴测图如图 4-40 所示，设计喷灌管线中心线长度为 112m，试求其喷灌管线安装清单工程量。

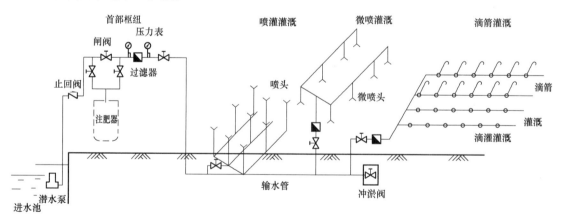

图 4-40 喷灌管道轴测图

【解】

（1）识图内容

通过题干内容可知图中设计喷灌管线中心线长度为 112m。

（2）工程量计算

① 清单工程量

以米计量，喷灌管线安装工程量＝112（m）

② 定额工程量

定额工程量同清单工程量。

【小贴士】　式中：112 为设计喷灌管线中心线长度。

【例4-18】　某绿地地面下埋有喷灌设施，喷灌管道系统如图4-41所示，试求其喷灌管线安装清单工程量。

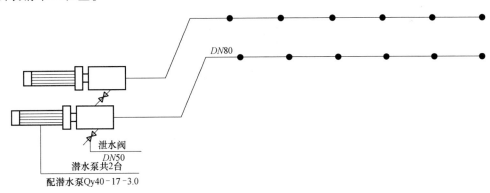

图 4-41　喷灌管道系统图

注：采用镀锌钢管，阀门为低压螺扣阀门，水表采用法兰连接（带弯通管及单向阀），
喷头埋藏旋转散射，管道刷红丹防锈漆两道，$l=88m$，厚为150m。

【解】

（1）识图内容

通过题干内容可知图中设计喷灌管线中心线长度 l 为 88.00m。

（2）工程量计算

清单工程量

以米计量，喷灌管线安装工程量＝88（m）

【小贴士】　式中：88 为设计喷灌管线中心线长度。

4.3　关系识图与疑难分析

4.3.1　关系识图

1. 绿地整理

绿地整理即绿化前对场地的原有植物进行砍伐、清理、基底处理等工作。如图 4-42 所示。

2. 绿地整理识图

园林植物设计图是表示设计植物的种类、数量、规格、种植位置及类型和要求的平面图样。园林植物种植设计图是用相应的平面图例在图纸上表示设计植物的种类、数量、规格以

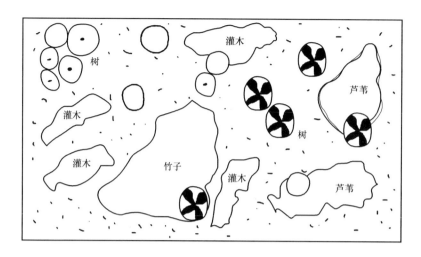

图 4-42 绿地整理

及园林植物的种植位置。通常还在图面上适当的位置，用列表的方式绘制苗木统计表，具体统计并详细说明设计植物的编号、图例、种类、规格（包括树干直径、高度或冠幅）和数量等。

当植物种植比较多、在一张图纸上表达不够清晰时，常常可以将植物分类画在不同的图纸中，如将乔木全部放在一张图纸中，出一张乔木种植图；将灌木放在一张图纸中，出一张灌木种植图；还可以将地被和草坪放在一张图纸中，出一张地被和草坪种植图。

图 4-43 所示为绿地整理的一部分，将对图中绿地上的植被进行挖掘、清除，根据图中信息进行识图，见表 4-4 所示。

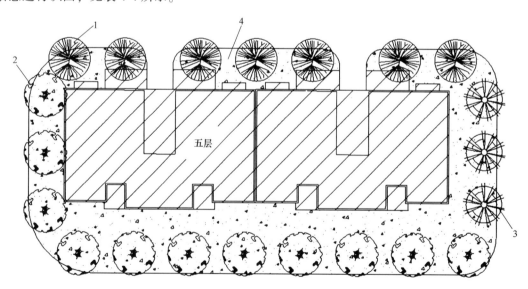

图 4-43 绿地整理平面图

某别墅区绿地平面图如图 4-44 所示，将对图中绿地上的植被进行挖掘、清除，根据图中信息进行识图，见表 4-5 所示。

表 4-4　绿地植物明细表

序号	图例	植物名称	规格参数	数量
1		楸树	胸径 5~6cm	7 株
2		黄山栾	胸径 6~8cm	11 株
3		广玉兰	胸径 6~8cm	3 株
4		草坪	混播	—

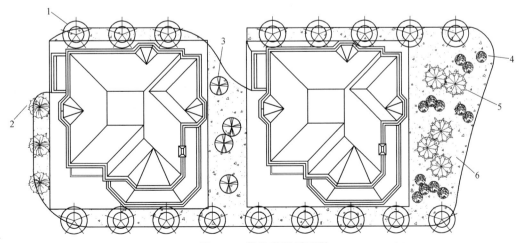

图 4-44　绿地整理平面图

表 4-5　绿地植物明细表

序号	图例	植物名称	规格参数	数量
1		红叶李	干径 4～6cm 冠 150～200	17 株
2		樱花	干径 4～6cm 冠 150～200	3 株
3		丁香	干径 4～6cm 冠 150～200	4 株
4		紫薇	干径 3～4cm 冠 100～120	13 株
5		棕榈	棕高 100～150cm、 冠 120～150	5 株
6		草坪	混播	—

　　识别园林植物设计图主要用以了解种植设计的意图、绿化目的及所达效果，明确种植要求，以便组织施工和做出工程预算，读图步骤如下：

　　① 看标题栏、比例、指北针（或风向玫瑰图）及设计说明，了解工程名称、性质、所处方位（及主导风向），明确工程的目的、设计范围和设计意图，了解绿化施工后应达到的效果。

　　② 看植物图例、编号、苗木统计表及文字说明，根据图纸中各植物的编号，对照苗木统计表及技术说明，了解植物的种类、名称、规格和数量等，验核或编制种植工程预算。

　　③ 看图纸中植物种植位置及配置方式，分析种植设计方案是否合理，植物栽植位置与建筑及构筑物和市政管线之间的距离是否符合有关设计规范的规定等技术要求。

　　④ 看植物的种植规格和定位尺寸，明确定点放线的基准。

　　⑤ 看植物种植详图，明确具体种植要求，从而合理地组织种植施工。

3. 关系识图案例

　　某小区绿化工程平面图如图 4-45 所示，花坛结构图如图 4-46 所示。园林绿化面积约为 $400m^2$，图中标注尺寸单位为米，园路宽度为 2m，花坛内径为 8m，外径为 10m。整个工程由圆形花坛、园路及绿地组成，栽植的植物主要有垂榆、云杉等。

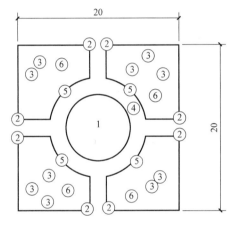

图 4-45　绿化工程平面图

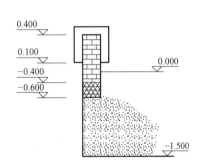

图 4-46　花坛结构图

1—花坛　2—垂榆　3—云杉　4—园路铺装　5—绿篱　6—草坪

　　绿化工程分部分项工程量清单见表 4-6 所示。

表 4-6　绿化工程分部分项工程量清单

序号	编号	项目名称	计量单位	工程量
E.1 绿化工程				
1	050101001001	整理绿化用地,普坚土	m^2	400
2	050102005001	栽植垂榆,土球苗木	株	8
3	050102005002	栽植云杉,土球苗木	株	10
4	050102005001	栽植绿篱,榆树	m 或 m^2	28.26
5	050102012001	铺草皮	m^2	281.5
E.2 园路、园桥、假山工程				
6	050201001001	园路铺装,200mm 砂垫层,水泥砖路面	m^2	40
7	050201001002	侧缘石安砌,混凝土缘石	m^2	53.69

4.3.2 疑难分析

（1）整理绿化用地项目包含厚度≤300mm回填土，厚度>300mm回填土，应按现行国家标准《房屋建筑与装饰工程工程量计算规范》（GB 50854—2013）相应项目编码列项。

（2）挖土外运、借土回填、挖（凿）土（石）方应包括在相关项目内。

（3）苗木计算应符合下列规定：

① 胸径应为地表面向上1.2m高处树干直径。

② 冠径又称冠幅，应为苗木冠丛垂直投影面的最大直径和最小直径之间的平均值。

③ 蓬径应为灌木、灌丛垂直投影面的直径。

④ 地径应为地表面向上0.1m高处树干直径。

⑤ 干径应为地表面向上0.3m高处树干直径。

⑥ 株高应为地表面至树顶端的高度。

⑦ 冠丛高应为地表面至乔（灌）木顶端的高度。

⑧ 篱高应为地表面至绿篱顶端的高度。

⑨ 养护期应为招标文件中要求苗木种植结束后承包人负责养护的时间。

（4）苗木移（假）植应按花木栽植相关项目单独编码列项。

（5）土球包裹材料、树体输液保湿及喷洒生根剂等费用包含在相应项目内。

（6）墙体绿化浇灌系统按《园林绿化工程工程量计算规范》（GB 50858—2013）A.3绿地喷灌相关项目单独编码列项。

（7）发包人如有成活率要求时，应在特征描述中加以描述。

（8）主梁与次梁连接时，次梁长算至主梁侧面。

（9）挖填土石方应按现行国家标准《房屋建筑与装饰工程工程量计算规范》（GB 50854—2013）附录A相关项目编码列项。

（10）阀门井应按按现行国家标准《市政工程工程量计算规范》（GB 50857—2013）相关项目编码列项。

（11）工程中涉及古树名木、珍贵树种、超过定额规定规格的超大苗木及非正常种植季节掘苗、运输、种植及养护时，应按其施工技术方案另行计算有关费用。

（12）正常种植季节时间规定如下，非正常种植季节施工，所发生的费用，另行计算。

① 春季植树：三月中旬至四月下旬。

② 雨季植树：雨季时节，约七月上旬至八月上旬。

③ 秋季植树：十月下旬至十一月下旬。

④ 铺种草坪、木本（盆移）花卉、草花，四月下旬至九月下旬。

（13）绿地起坡造型适用于设计造型高度80cm以内，平均坡度不大于15°的地形。

（14）凡绿化工程用地自然地坪与设计地坪有差距时，则分别执行挖土方或回填土相应定额子目。

（15）伐树挖树根项目定额已包含装车、外运费用，不得调整。如摘冠需使用平台升降车，发生时另行计算。

（16）屋顶花园定额中不包括垂直运输费用，发生时另行计算。

（17）本章种植工程均为不完全价，未包括苗木本身价值。苗木按设计图示要求的树种、规格、数量并计取相应的损耗率计算。

① 裸根乔木、裸根灌木损耗率为 1.5%。

② 绿篱、色带、攀缘植物损耗率为 2%。

③ 竹类、草根、花卉、草籽及花籽损耗率为 4%。

④ 草卷、立体花坛花卉损耗率为 6%。

⑤ 卡盆花卉缀花，花坛总高为 5m 以上时，高度每增加 1m，成品卡盆花卉损耗率增加 1%。

第5章 园路、园桥工程

5.1 工程量计算依据

园路、园桥工程的挖土方、开凿石方、回填等应按现行国家标准《市政工程工程量计算规范》（GB 50857—2013）相关项目编码列项。

如遇某些构配件使用钢筋混凝土或金属构件时，应按现行国家标准《房屋建筑与装饰工程工程量计算规范》（GB 50854—2013）或《市政工程工程量计算规范》（GB 50857—2013）相关项目编码列项。

地伏石、石望柱、石栏杆、石栏板、扶手、撑鼓等应按现行国家标准《仿古建筑工程工程量计算规范》（GB 50855—2013）相关项目编码列项。

亲水（小）码头各分部分项项目按照园桥相应项目编码列项。

台阶项目应按现行国家标准《房屋建筑与装饰工程工程量计算规范》（GB 50854—2013）相关项目编码列项。

混合类构件园桥应按现行国家标准《房屋建筑与装饰工程工程量计算规范》（GB 50854—2013）或《通用安装工程工程量计算规范》（GB 50856—2013）相关项目编码列项。

工程量计算依据见表5-1所示。

表5-1 工程量计算依据

项目名称	清单规则	定额规则
园路	按设计图示尺寸以面积计算（不包括路牙）	园路土基整理路床的工作量按路床的面积计算。 垫层计算宽度应以设计宽度大100mm，即两边各放宽50mm，以体积计算。 路面面层以面积计算
路牙铺设	按设计图示尺寸以长度计算	
树池围牙、盖板（箅子）	1. 以米计量，按设计图示尺寸以长度计算 2. 以套计量，按设计图示数量计算	
桥基础	按设计图示尺寸以体积计算	按设计图示尺寸以体积计算
石桥墩、石桥台	按设计图示尺寸以体积计算	按设计图示尺寸以体积计算
石桥面铺筑	按设计图示尺寸以面积计算	按设计图示尺寸以面积计算

5.2　工程案例实战分析

5.2.1　问题导入

相关问题：

① 园路清单工程量及定额工程量如何计算？

② 组成桥的基本构件及计算规范？

③ 园路中台阶的计算规范？

④ 使用钢筋混凝土或者金属构件时计算规范？

⑤ 驳岸、护岸不同材质时的计算规范？

5.2.2　案例导入与算量解析

1. 园路

（1）名词概念

园路：园路是组织和引导游人观赏景物的驻足空间，又是园林景观的组成部分，其蜿蜒起伏的曲线、丰富的寓意、精美的图案都给人以美的享受。园路与建筑、水体、山石、植物等造园要素一起组成丰富多彩的园林景观。园路不仅是园林景观的骨架与脉络，还是联系各景点的纽带，是构成园林景色的重要因素。园路的具体功能归纳为以下几方面：

① 组织交通，构成景色。园路对游客的集散、疏导有重要作用，满足园林绿化、建筑维修、养护、管理等工作的运输需要，承担安全、防火、职工生活、餐厅、便利店等园务工作的运输任务。对于规模较小的公园，这些任务可综合考虑；对于大型公园，由于园务工作交通量大，有时可以设置专门的路线和入口。

园路优美的线条，丰富多彩的路面铺装，可与周围的山体、建筑、花草、树木及石景等物紧密结合，不仅是"因景设路"，而且是"因路得景"。所以园路可行可游，行游统一。

② 组织空间，引导游览。园路既是园林分区的界线，又可以把不同的景区联系起来，通过园路的引导，将全园的景色逐一展现在游人眼前，使游人能从较好的位置去观赏景致。在公园中常常利用地形、建筑、植物或道路把全园分隔成各种不同功能的景区，同时又通过道路，把各个景区联系成一个整体。其中游览程序的安排，对我国园林来讲，是十分重要的，它能将设计者的造景序列传达给游客。园路正是起到了组织园林的观赏程序、向游客展示园林风景画面的作用。它能通过自己的布局和路面铺砌的图案，引导游客按照设计者的意图、路线和角度来游赏景物，从这个意义上来讲，园路是游客的导游者。园路如图 5-1 所示。

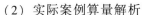

路面

图 5-1　园林路面实物图

（2）实际案例算量解析

【例 5-1】　某公园园路长 210m，宽 1m，采用青砖铺设路面（无路牙），具体路面结构设计如路面剖视图 5-2 所示，实物图 5-3 所示，试求其工程量。

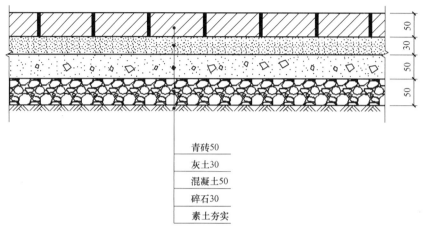

青砖50

灰土30

混凝土50

碎石30

素土夯实

图 5-2　路面剖视图

【解】

（1）识图内容

通过题干内容可知园路长 210m，宽 1m，碎石垫层 50mm，混凝土垫层 50mm，灰土垫层 30mm，青砖面层 50mm。

（2）工程量计算

① 清单工程量

$S = 210 \times 1 = 210$（m^2）

② 定额工程量

碎石工程量 $= 210 \times 1 \times 0.05 = 10.5$（$m^3$）

灰土工程量 $= 210 \times 1 \times 0.03 = 6.3$（$m^3$）

混凝土工程量 $= 210 \times 1 \times 0.05 = 10.5$（$m^3$）

路面地面：青砖工程量 $= 210 \times 1 = 210$（m^2）

图 5-3　路面对应实物嵌入图

【小贴士】　式中：0.05 为碎石垫层厚度；0.03 为灰土垫层厚度；0.05 为混凝土垫层厚度。

【例 5-2】　已知某园路长 300m，宽 1.5m，路牙宽 0.15m，平面图如图 5-4 所示，实物图如图 5-5 所示，试求园路面积。

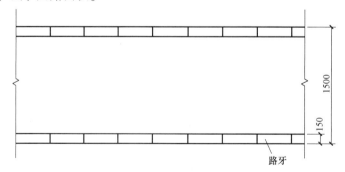

1500

150

路牙

图 5-4　园路平面图

【解】

算量解析：

（1）识图内容

由题干可知园路长 300m，宽 1.5m，根据计算规则：按设计图示尺寸以面积计算（不包括路牙），得出园路宽（1.5−0.15×2）m，园路长 300m，根据计算规则：园路按设计图尺寸以面积计算，不包括路牙。

（2）工程量计算

① 清单工程量

$S = (1.5-0.15\times2)\times300 = 360(\text{m}^2)$

② 定额工程量

定额工程量同清单工程量。

图 5-5　园路实物图

【小贴士】　式中：（1.5−0.15×2）为园路宽度；300 为园路长度。

【例 5-3】　某绿化工程需要铺设一条 30m×1.5m 的园路，如图 5-6 所示，计算其分部分项工程量。

【解】

算量解析：

（1）识图内容

由题干可知园路长 30m，宽 1.5m。

（2）工程量计算

① 清单工程量

园路面积 $S = 30\times1.5 = 45.00(\text{m}^2)$

a. 面层

$V_1 = 45\times0.03 = 1.35(\text{m}^3)$

b. 水泥砂浆层

$V_2 = 45\times0.25 = 11.25(\text{m}^3)$

c. 素混凝土层

$V_3 = 45\times0.05 = 2.25(\text{m}^3)$

d. 3∶7 灰土层

$V_4 = 45\times0.15 = 6.75(\text{m}^3)$

② 定额工程量

定额工程量同清单工程量。

【小贴士】　式中：30×1.5 为园路面积尺寸。

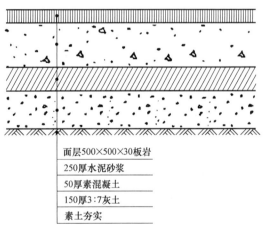

面层500×500×30板岩
250厚水泥砂浆
50厚素混凝土
150厚3∶7灰土
素土夯实

图 5-6　园路剖面图

2. 路牙铺设

（1）名词概念

路牙：是指用凿打成长条形的石材、混凝土预制的长条形砌块或砖。其铺装在道路边缘，起保护路面的作用，北方人说路牙叫路崖子、马路牙子或道牙子。路牙如图 5-7 所示。

视频 5-2：路牙

（2）实际案例算量解析

【例 5-4】 图 5-8 所示为某道路的局部断面，其中，该段道路长 19m、宽 2.5m，混凝土道牙宽 65mm、厚 85mm，求其工程量。

图 5-7 路牙

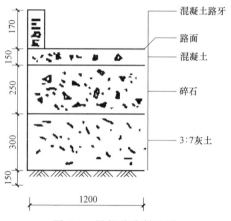

图 5-8 局部道路断面图

【解】

（1）识图内容

由题干可知道路长 19m、宽 2.5m，混凝土道牙宽 65mm、厚 85mm。

（2）工程量计算

① 清单工程量

园路工程量 $S = 19 \times (2.5 - 0.065 \times 2) = 45.03 (\text{m}^2)$

道牙工程量 $L = 19 \times 2 = 38 (\text{m})$

② 定额工程量

定额工程量同清单工程量。

【小贴士】 式中：19×2.5 为园路面积尺寸，19 为道路长度。

【例 5-5】 图 5-9 所示是某路一边的剖面图，该道路长 8m、宽 3m，路两边均铺有路牙，求工程量（图中单位为 mm）。

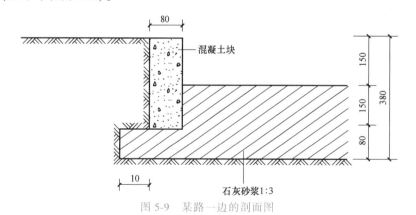

图 5-9 某路一边的剖面图

【解】

（1）识图内容

由题干可知道路长 8m、宽 3m，混凝土道牙宽 80mm、厚 300mm。

（2）工程量计算

① 清单工程量

a. 平整场地

$S = 8×3$

　　$= 24（m^2）$

b. 挖土方

$V_1 = （8×0.01×0.2）×3×0.38$

　　$= 9.14（m^3）$

c. 石灰砂浆 1：3

$V_2 = （8-0.08×2）×3×0.15+（8+0.01×2）×3×0.08$

　　$= 5.45（m^3）$

d. 路牙铺设

路牙铺设工程量 $L = 8×2 = 16（m）$。

② 定额工程量

定额工程量同清单工程量。

【小贴士】　式中：8×2 为两边道路长度。

3. 树池围牙、盖板（箅子）

（1）名词概念

树池围牙：是将预制的混凝土块埋置于树池的边缘，对树池起围护作用，防止人、畜和其他可能的外界因素对花草树木造成伤害的保护性设施。一般一个树池有四个围牙，又称侧石。如图 5-10 所示。

视频 5-3：树池围牙

（2）实际案例算量解析

【例 5-6】　图 5-11 所示为一个树池平面和围牙立面，求围牙工程量。

【解】

（1）识图内容

由题干可知石桥基础长（0.15 + 1.2 + 0.15）m，高 0.12m。

（2）工程量计算

① 清单工程量

围牙工程量 = （0.15 + 1.2 + 0.15）×2 + 1.2×2 = 5.4（m）

② 定额工程量

定额工程量同清单工程量。

图 5-10　树池围牙

【小贴士】　式中：（0.15+1.2+0.15）×2+1.2×2 为围牙的展开尺寸。

4. 桥基础

（1）名词概念

桥基础：是桥梁结构物直接与地基接触的最下部分，是桥梁下部结构的重要组成部分。

视频 5-4：桥基础

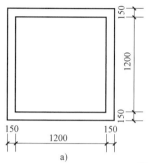

图 5-11　树池示意图

a）平面图　b）围牙立面图

实物图如图 5-12 所示。

（2）实际案例算量解析

【例 5-7】　某 6m 长的石桥，有 3 个基础，基础为矩形，长 1500mm，宽 1000mm。石桥基础剖视图如图 5-13 所示，石桥基础三维生成图如图 5-14 所示，求基础工程量。

【解】

（1）识图内容

由题干可知石桥基础长 1.5m，宽 1.0m，根据计算规则：按设计图示尺寸以体积计算。

图 5-12　桥基础实物图

（2）工程量计算

① 清单工程量

$V = 1.5 \times 1 \times (0.2 + 0.3 + 0.15) \times 3 = 2.925 (m^3)$

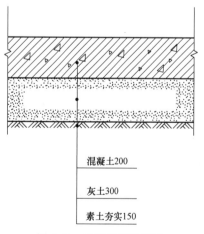

混凝土200

灰土300

素土夯实150

图 5-13　石桥基础剖视图

图 5-14　石桥三维生成图

② 定额工程量

素土夯实工程量 $= 1.5 \times 1 \times 0.15 \times 3 = 0.675 (m^3)$

灰土工程量 $= 1.5 \times 1 \times 0.3 \times 3 = 1.35 (m^3)$

混凝土基础工程量 $= 1.5 \times 1 \times 0.2 \times 3 = 0.9 (m^3)$

【小贴士】 式中：1 为石桥基础宽度；1.5 为石桥基础长度，（0.2+0.3+ 0.15）为石桥基础厚度。

音频 5-2：桥墩 种类

5. 石桥墩、石桥台

（1）名词概念

石桥墩：是多跨桥梁的中间支承结构物，它除承受上部结构的荷重外，还要承受流水压力、水面以上的风力以及可能出现的冰荷载，船只、排筏和漂浮物的撞击力，图 5-15 为石桥墩实物图。

视频 5-5：石桥墩

石桥台：是将桥梁与路堤衔接的构筑物，它除了承受上部结构的荷载外，并承受桥头填土的水平土压力及直接作用在桥台上的车辆荷载等，图 5-16 为石桥台实物图。

图 5-15 石桥墩实物图

图 5-16 石桥台实物图

（2）实际案例算量解析

【例 5-8】 某园区小桥采用混凝土桥墩，桥墩平面图如图 5-17 所示，桥墩实物图如图 5-18 所示，求桥墩工程量。

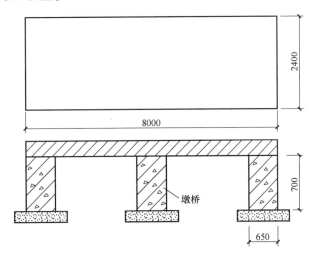

图 5-17 桥墩平面图

【解】

（1）识图内容

由题干可知桥墩长 2400mm，宽 650mm，高 700mm，根据计算规则：按设计图示尺寸以体积计算。

（2）工程量计算

① 清单工程量

$V = 2.4 \times 0.65 \times 0.7 \times 3 = 3.276(\mathrm{m}^3)$

② 定额工程量

定额工程量同清单工程量为 3.276m³。

【小贴士】 式中：0.65 为桥墩宽度；2.4 为桥墩长度，0.7 为桥墩厚度。

图 5-18 桥墩实物图

6. 石（卵石）砌驳岸

（1）名词概念

驳岸：是建于水体边缘和陆地交界处，用工程措施加工岸而使其稳固，以免遭受各种自然因素和人为因素的破坏，保护风景园林中水体的设施。图 5-19 为石砌驳岸实物图。

图 5-19 石砌驳岸实物图

（2）实际案例算量解析

【例 5-9】 图 5-20 为动物园驳岸的局部剖面图，该部分驳岸长 8m，宽 2m，求该部分驳岸的工程量。

【解】

（1）识图内容

由题干可知驳岸长 8m，宽 2m，高 3.75m。

（2）工程量计算

① 清单工程量

$V = 8 \times 2 \times (1.25 + 2.5) = 60(\mathrm{m}^3)$

② 定额工程量

a. 平整场地

$S = 长 \times 宽 = 8 \times 2 = 16(\mathrm{m}^2)$

b. 挖地坑

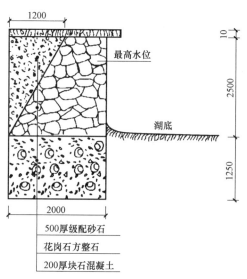

500厚级配砂石
花岗石方整石
200厚块石混凝土

图 5-20 动物园驳岸局部剖面图

$V_1 = 长 × 宽 × 高 = 8 × 2 × (1.25 + 2.5) = 60 (m^3)$

c. 块石混凝土

$V_2 = 长 × 宽 × 高 = 2 × 8 × 1.25 = 20 (m^3)$

d. 花岗石方整石

$V_3 = S × 长 = 1/2(上底 + 下底) × 高 × 长$

$\quad = 1/2(2 - 1.2 + 2) × 2.5 × 8$

$\quad = 28 (m^3)$

e. 级配砂石

$V_4 = 底面积 × 高 = S × 长 = 1/2 × 1.2 × 2.5 × 8 = 12 (m^3)$

【小贴士】　式中：8×2×(1.25+2.5)为驳岸的尺寸。

5.3　关系识图与疑难分析

5.3.1　关系识图

1. 石（卵石）砌驳岸与木制步桥

石砌驳岸是指用石块对园林水景岸坡的处理，是园林工程中最为主要的护岸形式。它主要依靠墙身自重来保证岸壁的稳定，抵抗墙后土壤的压力。驳岸结构由基础、墙身和压顶三部分组成。图 5-21 所示为石砌驳岸实物图。

图 5-21　石砌驳岸实物图

木制步桥指建筑在庭园内的、由木材加工制作的、主桥孔洞为 5M 以内，供游人通行兼有观赏价值的桥梁。图 5-22 所示为木质步桥实物图。

2. 园路的结构设计

园路一般由面层、结合层、基层、路基和附属工程组成，如图 5-23 所示。

图 5-22　木制步桥实物图

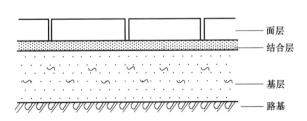

面层
结合层
基层
路基

图 5-23　园路的组成

（1）面层

路面最上的一层，它直接承受人流、车辆的荷载和风、雨、寒、暑等气候作用的影响。因此要求坚固、平稳、耐磨，有一定的粗糙度，少尘土，便于清洁，体现地面景观效果。

（2）结合层

采用块料铺筑面层时在面层和基层之间的一层，用于结合面层和基层，同时还起到找平的作用，一般用3~5cm粗砂、水泥砂浆或白灰砂浆铺筑而成。

（3）基层

在路基之上，它一方面承受由面层传下来的荷载，另一方面把荷载传给路基。因此，要有一定的强度，一般用碎（砾）石、灰土或各种矿物废渣等筑成。

（4）路基

路基即路面的基础，它为园路提供一个平整的基面，承受路面传下来的荷载，并保证路面有足够的强度和稳定性。如果土基的稳定性不良，应采取措施，以保证路面的使用寿命。

（5）附属工程

根据需要，有时还需要进行附属工程的设计，附属工程一般包括道牙、明沟、雨水井、台阶、蹬道、种植池等。

① 道牙：是指安置在路面两侧，使路面与路肩在高程上衔接起来，并保护路面的构造。一般分为立道牙和平道牙两种形式，如图5-24所示。

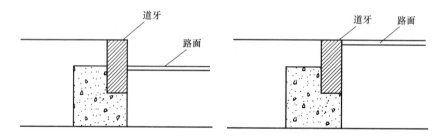

图 5-24　道牙

② 明沟和雨水井：是为收集路面雨水而建的构筑物，在园林中常用砖块砌成。

③ 台阶：当路面坡度超过12°时，为方便行走在不通行车辆的路段上，可设台阶。台阶的宽度与路面相同，每级台阶的高度为12~17cm，宽度为30~38cm，每10~18级后设一段平台。在园林中，台阶可用天然山石、木纹板、树桩等各种形式装饰园景。

④ 蹬道：是指为增加坡道、斜道的摩擦力，在坡道、斜道上用砖石露挂侧砌筑或用混凝土浇筑成锯齿形的面层，可以防滑，一般用于室外，如图5-25所示。

⑤ 种植池：在路边或广场上栽种植物，一般应留种植池，在栽种高大乔木的种植池周围应设保护栅。

3. 园桥施工图

园桥构造平面示意图如图5-26所示。

5.3.2　疑难分析

（1）园路按设计图示尺寸以面积计算，踏（蹬）道按设计图示尺寸以水平投影面积计

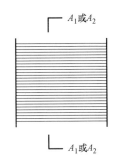
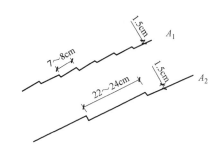

图 5-25　蹬道做法

算，两者均不包括路牙。

（2）路牙铺设按设计图示尺寸以长度
计算。

（3）石桥面铺筑按设计图示尺寸以面积
计算。

（4）石（卵石）砌驳岸以立方米计量，
按设计图示尺寸以体积计算；以吨计量，按
质量计算。

（5）园路垫层缺项可按楼地面工程相应
项目执行，人工乘系数 1.10。

（6）园桥基础、桥台、桥墩、护坡、石
桥面等项目，如遇缺项可分别按其他章相应
项目执行，人工乘系数 1.25，其他不变。

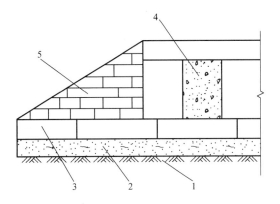

图 5-26　园桥构造平面示意图

1—素土夯实　2—灰土垫层　3—条形基础
4—现浇混凝土桥墩　5—机砖垒砌石桥台

（7）室外道路宽度在 14m 以内的混凝
土路、停车场，厂、院及住宅小区内的道路执行"建筑工程"预算定额。

（8）室外道路宽度在 14m 以外的混凝土路、停车场执行"市政
工程"预算定额。

（9）所有路面的沥青执行"市政工程"预算定额。

（10）庭院内的行人甬道、蹬道和带部分踏步的坡道适用于
"园林工程"预算定额。

音频 5-3：园路园桥工程
相关疑难解析

第6章 园林景观工程

6.1 工程量计算依据

在《园林绿化工程工程量计算规范》(GB 50858—2013)中，园林景观工程划分的子目包含有堆塑假山、原木/竹构件、亭廊屋面、花架、园林桌椅、喷泉安装及杂项 7 节。

① 堆塑假山计算依据见表 6-1 所示。

表 6-1 堆塑假山计算依据

项目名称	清单规则	定额规则
堆筑土山丘	按设计图示山丘水平投影外接矩形面积乘以高度的 1/3 以体积计算	以堆砌土料的质量计算
堆砌石假山	按设计图示尺寸以质量计算	以堆砌石料的质量计算
塑假山	按设计图示尺寸以展开面积计算	按设计图示尺寸以质量计算
石笋	1. 以块(支、个)计量,按设计图示数量计算。 2. 以吨计量,按设计图示石料质量计算	按设计图示尺寸以质量计算
点风景石		
池、盆景置石		
山(卵)石护角	按设计图示尺寸以体积计算	按设计图示尺寸以体积计算
山坡(卵)石台阶	按设计图示尺寸以水平投影面积计算	按设计图示尺寸以水平投影面积计算

② 原木、竹构件计算依据见表 6-2 所示。

表 6-2 原木、竹构件计算依据

项目名称	清单规则	定额规则
原木(带树皮)柱、梁、檩、椽	按设计图示尺寸以长度计算(包括榫长)	按设计图示尺寸以长度计算
原木(带树皮)墙	按设计图示尺寸以面积计算(不包括柱、梁)	按设计图示尺寸以面积计算
树枝吊挂楣子	按设计图示尺寸框外围面积计算	按设计图示尺寸框外围面积计算
竹柱、梁、檩、椽	按设计图示尺寸以长度计算	按设计图示尺寸以长度计算
竹编墙	按设计图示尺寸以面积计算(不包括柱、梁)	按设计图示尺寸以面积计算
竹吊挂楣子	按设计图示尺寸框外围面积计算	按设计图示尺寸框外围面积计算

③ 亭廊屋面计算依据见表 6-3 所示。

表 6-3　亭廊屋面计算依据

项目名称	清单规则	定额规则
草屋面	按设计图示尺寸以斜面计算	按设计图示尺寸以斜面计算
竹屋面	按设计图示尺寸以实铺面积计算(不包括柱、梁)	按设计图示尺寸以实铺面积计算
树皮屋面	按设计图示尺寸以屋面结构外围面积计算	按设计图示尺寸以屋面结构外围面积计算
油毡瓦屋面	按设计图示尺寸以斜面计算	按设计图示尺寸以斜面计算
预制混凝土穹顶	按设计图示尺寸以体积计算。混凝土脊和穹顶的肋、基梁并入屋面体积	按设计图示尺寸以体积计算。混凝土脊和穹顶的肋、基梁并入屋面体积
彩色压型钢板(夹芯板)攒尖亭屋面板	按设计图示尺寸以实铺面积计算	按设计图示尺寸以实铺面积计算
彩色压型钢板(夹芯板)穹顶		
玻璃屋面		
木(防腐木)屋面		

④ 花架计算依据见表 6-4 所示。

表 6-4　花架计算依据

项目名称	清单规则	定额规则
现浇混凝土花架柱、梁	按设计图示尺寸以体积计算	按设计图示尺寸以体积计算
预制混凝土花架柱、梁	按设计图示尺寸以体积计算	按设计图示尺寸以体积计算
金属花架柱、梁	按设计图示尺寸以质量计算	按设计图示尺寸以质量计算
木花架柱、梁	按设计图示截面面积乘以长度(包括榫长)以体积计算	按设计图示截面面积乘以长度(包括榫长)以体积计算
竹花架柱、梁	1. 以长度计量,按设计图示花架构件尺寸以延长米计算。 2. 以根计量,按设计图示花架柱、梁数量计算	以长度计量,按设计图示花架构件尺寸以延长米计算

⑤ 园林桌椅计算依据见表 6-5 所示。

表 6-5　园林桌椅计算依据

项目名称	清单规则	定额规则
预制钢筋混凝土飞来椅	按设计图示尺寸以座凳面中心线长度计算	按设计图示尺寸以体积计算
水磨石飞来椅		按设计图示尺寸以质量计算
竹制飞来椅		按设计图示尺寸以座凳面中心线长度计算
现浇混凝土桌凳	按设计图示数量计算	按设计图示数量计算
预制混凝土桌凳		

（续）

项目名称	清单规则	定额规则
石桌石凳		
水磨石桌凳		
塑树根桌凳	按设计图示数量计算	按设计图示数量计算
塑树节椅		
塑料、铁艺、金属椅		

⑥ 喷泉安装计算依据见表6-6所示。

表 6-6　喷泉安装计算依据

项目名称	清单规则	定额规则
喷泉管道	按设计图示管道中心线长以延长米计算,不扣除检查(阀门)井、阀门、管件及附件所占的长度	按设计图示尺寸以长度计算
喷泉电缆	按设计图示单根电缆长度以延长米计算	按设计图示单根电缆长度以延长米计算
水下艺术装饰灯具		
电气控制柜	按设计图示数量计算	按设计图示数量计算
喷泉设备		

⑦ 杂项计算依据见表6-7所示。

表 6-7　杂项计算依据

项目名称	清单规则	定额规则
石灯		
石球	按设计图示数量计算	按设计图示数量计算
塑仿石音箱		
塑树皮梁、柱	1. 以平方米计量,按设计图示尺寸以梁柱外表面积计算 2. 以米计量,按设计图示尺寸以构件长度计算	1. 以平方米计量,按设计图示尺寸以梁柱外表面积计算 2. 以米计量,按设计图示尺寸以构件长度计算
塑竹梁、柱		
铁艺栏杆	按设计图示尺寸以长度计算	按设计图示尺寸以长度计算
塑料栏杆		
钢筋混凝土艺术围栏	1. 以平方米计量,按设计图示尺寸以面积计算。 2. 以米计量,按设计图示尺寸以延长米计算	1. 以平方米计量,按设计图示尺寸以面积计算。 2. 以米计量,按设计图示尺寸以延长米计算
标志牌	按设计图示数量计算	按设计图示数量计算
景墙	1. 以立方米计量,按设计图示尺寸以体积计算 2. 以段计量,按设计图示尺寸以数量计算	1. 以立方米计量,按设计图示尺寸以体积计算。 2. 以段计量,按设计图示尺寸以数量计算

（续）

项目名称	清单规则	定额规则
景窗	按设计图示尺寸以面积计算	按设计图示尺寸以面积计算
花饰		
博古架	1. 以平方米计量,按设计图示尺寸以面积计算。 2. 以米计量,按设计图示尺寸以延长米计算。 3. 以个计量,按设计图示数量计算	以米计量,按设计图示尺寸以延长米计算
花盆(坛、箱)	按设计图示尺寸以数量计算	按设计图示尺寸以数量计算
摆花	1. 以平方米计量,按设计图示尺寸以水平投影面积计算。 2. 以个计量,按设计图示数量计算	以个计量,按设计图示数量计算
花池	1. 以立方米计量,按设计图示尺寸以体积计算。 2. 以米计量,按设计图示尺寸以池壁中心线处延长米计算。 3. 以个计量,按设计图示数量计算	以立方米计量,按设计图示尺寸以体积计算
垃圾箱	按设计图示尺寸以数量计算	按设计图示尺寸以数量计算
砖石砌小摆设	1. 以立方米计量,按设计图示尺寸以体积计算 2. 以个计量,按设计图示尺寸以数量计算	以立方米计量,按设计图示尺寸以体积计算
其他景观小摆设	按设计图示尺寸以数量计算	按设计图示尺寸以数量计算
柔性水池	按设计图示尺寸以水平投影面积计算	按设计图示尺寸以水平投影面积计算

6.2　工程案例实战分析

6.2.1　问题导入

相关问题：

① 什么是园林景观？

② 园林景观工程的特点是什么？工程量是怎么计算的？

③ 园林景观工程的特点是什么？

6.2.2　案例导入与算量分析

1. 塑假山

（1）名词概念

音频 6-1：假山
创作原则

塑假山：塑假山是园林中以造景为目的，用土、石等材料构筑的山。塑假山具有多方面的造景功能，如构成园林的主景或地形骨架，划分和组织园林空间，布置庭院、驳岸、护坡、挡土，设置自然式花台。还可以与园林建筑、园路、场地和园林植物组合成富于变化的景致，借以减少人工气氛，增添自然生趣，使园林建筑融汇到山水环境中。因此，假山成为表现中国自然山水园的特征之一。如图 6-1 所示。

图 6-1　塑假山

（2）实际案例算量解析

【例 6-1】　某公园人工建造一圆环形塑假山，该塑假山单位质量为 1.8t/m³，圆环形塑假山内环半径为 2500mm，外环半径为 5000mm，塑假山平面图如图 6-2 所示，塑假山立面图如图 6-3 所示，塑假山实物图如图 6-4 所示，试求圆环形塑假山工程量。

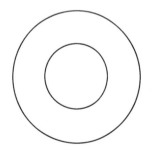

图 6-2　塑假山平面图

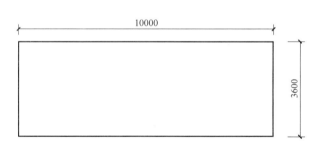

图 6-3　塑假山立面图

图 6-4　塑假山实物图

【解】

（1）识图内容

通过题干内容可知圆环形塑假山内环半径为 2500mm，外环半径为 5000mm，塑假山单位质量为 1.8t/m³，根据塑假山立面图可知圆环形塑假山高为 3.6m。

（2）工程量计算

① 清单工程量

$S = 2\pi \times 5 \times 3.6 = 2 \times 3.14 \times 5 \times 3.6 = 113.04$（m²）

② 定额工程量

按设计图示尺寸以质量计算 $= (\pi \times 5^2 \times 3.6 - \pi \times 2.5^2 \times 3.6) \times 1.8$

$\qquad\qquad\qquad\qquad = (3.14 \times 25 \times 3.6 - 3.14 \times 6.25 \times 3.6) \times 1.8$

$\qquad\qquad\qquad\qquad = 381.51$（t）

【小贴士】　式中：5 为外环的半径；2.5 为内环的半径；3.6 为塑假山的高；1.8 为塑假山的单位质量。

2. 点风景石

（1）名词概念

点风景石：以山石为材料，点布独立的不具备山形但以奇特的形状为审美特征的石质观赏品。如图 6-5 所示。

（2）实际案例算量解析

【例 6-2】　已知点风景石平面图如 6-6 所示，立面图如 6-7 所示，点风景石实物图如图 6-8 所示，点风景石单位质量为 1.3t/m³，试求该点风景石工程量。

视频 6-2：
点风景石

图 6-5　点风景石

图 6-6　点风景石平面图

1800

1500

1200

1800

【解】

（1）识图内容

通过题干内容可知点风景石单位质量为 1.3t/m³，根据点风景石平面图可知左边点风景石平面尺寸为 1.8m×1.5m，右边点风景石平面尺寸为 1.2m×1.8m，根据点风景石立面图可知左边点风景石高 1.2m，右边点风景石高为 1.5m。

（2）工程量计算

① 清单工程量

以块计量，按设计图示数量计算 = 2（块）

② 定额工程量

按设计图示尺寸以质量计算 $= 1.8 \times 1.5 \times 1.2 \times 1.3 + 1.2 \times 1.8 \times 1.5 \times 1.3$

$$= 4.212 + 4.212$$
$$= 8.424 \ (t)$$

【小贴士】 式中：1.8×1.5 为左边点风景石平面尺寸；1.2 为左边点风景石高；1.2×1.8 为右边点风景石平面尺寸；1.5 为右边点风景石高；1.3 为点风景石单位质量。

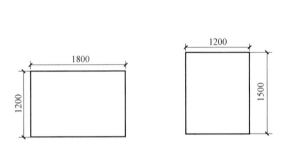

图 6-7　点风景石立面图　　　　　　　　　　图 6-8　点风景石实物图

【例 6-3】 已知点风景石立面图如 6-9 所示，黄（杂）石单位质量为 $2.6t/m^3$，湖石单位质量为 $2.2t/m^3$，试求该点风景石工程量。

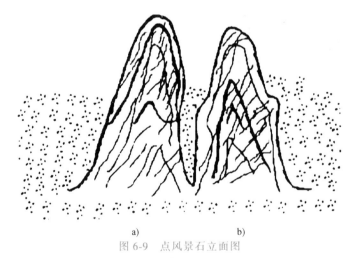

a)　　　　　　　　　　　　　　b)

图 6-9　点风景石立面图

a）黄石：$L = 2.2m$，$B = 1.2m$，$H = 1.8m$，$\rho = 2.6t/m^3$　b）湖石：$L = 2.1m$，$B = 1.3m$，$H = 1.9m$，$\rho = 2.2t/m^3$

【解】

（1）识图内容

根据点风景石平面图可知左边点风景石尺寸为 $2.2m \times 1.2m \times 1.8m$，右边点风景石尺寸为 $2.1m \times 1.3m \times 1.9m$。

（2）工程量计算

① 清单工程量

以块计量，按设计图示数量计算 = 2（块）

② 定额工程量

按设计图示尺寸以质量计算

$W_1 = 2.2 \times 1.2 \times 1.8 \times 2.6 = 12.36$（t）

$W_2 = 2.1 \times 1.3 \times 1.9 \times 2.2 = 11.41$（t）

【小贴士】　式中：$2.2 \times 1.2 \times 1.8$ 为左边点风景石尺寸；$2.1 \times 1.3 \times 1.9$ 为右边点风景尺寸。

3. 原木（带树皮）墙

（1）名词概念

原木（带树皮）墙：原木是指带树皮的木头桩。原木墙就是在园林中，起到装饰、引导或者屏蔽作用的木质景墙。如图 6-10 所示。

（2）实际案例算量解析

【例 6-4】　某公园部分墙面采用原木（带树皮）墙，原木（带树皮）墙平面图如图 6-11 所示，原木（带树皮）墙立面图如图 6-12 所示，实物图如 6-13 所示，墙厚 200mm，求原木（带树皮）墙工程量。

【解】

（1）识图内容

通过题干内容可知原木（带树皮）墙厚 200mm，根据原木（带树皮）墙平面图可知墙长为 18000mm，宽为 12000mm，根据原木（带树皮）墙立面图可知墙高为 2100mm。

视频 6-3：原木墙

图 6-10　原木（带树皮）墙

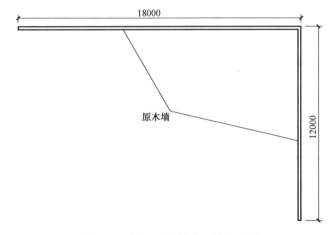

图 6-11　原木（带树皮）墙平面图

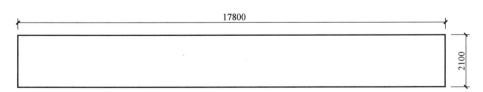

图 6-12　原木（带树皮）墙立面图

（2）工程量计算

① 清单工程量

$S = (18-0.2) \times 2.1 + (12-0.2) \times 2.1 = 62.16$ （m^2）

② 定额工程量

定额工程量同清单工程量。

【小贴士】 式中：（18-0.2）为原木（带树皮）墙的长度；2.1 为原木（带树皮）墙的高；（12-0.2）为原木（带树皮）墙的宽度。

图 6-13　原木（带树皮）墙实物图

4. 竹屋面

（1）名词概念

竹屋面：竹屋面指建筑顶层的构造层由竹材料铺设而成。草屋面与此类似。如图 6-14 所示。

（2）实际案例算量解析

【例 6-5】 某房屋以竹子为原材料做屋面，屋面平面图如图 6-15 所示，房屋立面图如图 6-16 所示，竹屋实物图如图 6-17 所示，求该房屋竹屋面的工程量。

音频 6-2：竹材应用　　　视频 6-4：竹屋面

图 6-14　竹屋面

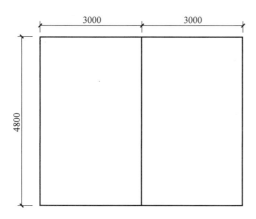

图 6-15　屋面平面图

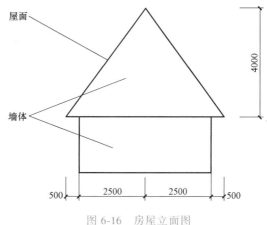

图 6-16　房屋立面图

【解】

（1）识图内容

根据屋面平面图可知屋面长为 4.8m。

（2）工程量计算

① 清单工程量

$$S = \sqrt{(0.5+2.5)^2 + 4^2} \times 4.8 \times 2 = 48(\text{m}^2)$$

② 定额工程量

定额工程量同清单工程量。

【小贴士】　式中：$\sqrt{(0.5+2.5)^2 + 4^2}$ 为竹屋面的斜长；4.8 为竹屋面的长；2 为竹屋面数量。

图 6-17　竹屋实物图

5. 飞来椅

（1）名词概念

飞来椅：又称美人靠，学名"鹅颈椅"，是一种下设条凳，上连靠栏的木制建筑，因向外探出的靠背弯曲似鹅颈，故名。其优雅曼妙的曲线设计合乎人体轮廓，靠坐着十分舒适。如图 6-18 所示。

（2）实际案例算量解析

视频 6-5：飞来椅

【例 6-6】　某公园放置一些钢筋混凝土飞来椅，平面图如图 6-19 所示，立面图如图 6-20 所示，在树下围成四边形形状，大小等同，每个飞来椅坐板长 1.2m，宽 0.5m，厚 0.05m；飞来椅靠背长 1.2m，宽 0.4m，厚 0.1m；飞来椅凳腿长 0.1m，宽 0.05m，高 0.4m，公园共有 20 组，试计算其工程量。

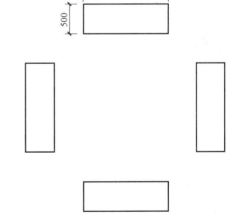

图 6-18　钢筋混凝土飞来椅

图 6-19　飞来椅平面图

【解】

（1）识图内容

通过题干内容可知飞来椅坐板长 1.2m，宽 0.5m，厚 0.05m；飞来椅靠背长 1.2m，高 0.4m，厚 0.1m；飞来椅凳腿长 0.1m，宽 0.05m，高 0.4m，共有 20 组。

（2）工程量计算

① 清单工程量

按设计图示尺寸以座凳面中心线长度计算 = 1.2×4×20 = 96（m）

② 定额工程量

按设计图示尺寸以体积计算 = (1.2×0.5×0.05+1.2×0.4×0.1+0.1×0.05×0.4×4)×4×20 = 6.88(m³)

【小贴士】 式中：1.2×4 为 1 组飞来椅的中心线长度；1.2×0.5×0.05 为飞来椅坐板的体积；1.2×0.4×0.1 为飞来椅靠背的体积；0.1×0.05×0.4×4 为飞来椅凳腿的体积；4 为一组座椅的数量；20 为飞来椅的组数。

6. 电气控制柜

（1）名词概念

电气控制柜：控制柜是按电气接线要求将开关设备、测量仪表、保护电器和辅助设备组装在封闭或半封闭金属柜中或屏幅上，其布置应满足电力系统正常运行的要求，便于检修，不危及人身及周围设备的安全。正常运行时可借助手动或自动开关接通或分断电路。故障或不正常运行时借助保护电器切断电路或报警。借测量仪表可显示运行中的各种参数，还可对某些电气参数进行调整，对偏离正常工作状态进行提示或发出信号。常用于各发、配、变电所中，如图 6-21 所示。

（2）实际案例算量解析

【例 6-7】 某公园电气控制柜布置图如图 6-22 所示，实物图如图 6-23 所示，试计算其工程量。

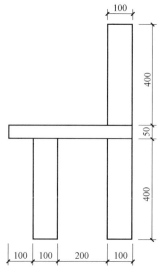

图 6-20 飞来椅立面图

视频 6-6：电气控制柜

图 6-21 电气控制柜

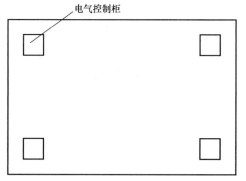

图 6-22 电气控制柜布置平面图

【解】

（1）识图内容

通过电气控制柜布置平面图可知电气控制柜有 4 个。

（2）工程量计算

① 清单工程量

按设计图示数量计算 = 4（个）

② 定额工程量

定额工程量同清单工程量。

【小贴士】　式中：4 为电气控制柜数量。

图 6-23　电气控制柜实物图

图 6-24　混凝土花架

7. 混凝土花架柱、梁

（1）名词概念

花架：用刚性材料构成一定形状的格架供攀缘植物攀附的园林设施。花架可作遮荫休息之用，并可点缀园景。花架设计要了解所配置植物的原产地和生长习性，以创造适宜于植物生长的条件和造型的要求。现在的花架，有两方面作用：一方面供人歇足休息、欣赏风景；另一方面创造攀缘植物生长的条件。因此可以说花架是最接近于自然的园林小品了。如图 6-24 所示。

视频 6-7：花架

（2）实际案例算量解析

【例 6-8】　图 6-25 为现浇混凝土花架柱子局部平面图和断面图，共有 4 根，现浇混凝土花架柱身截面尺寸为 250mm×250mm，实物图如图 6-26 所示，试计算该花架柱子现浇混凝土工程量。

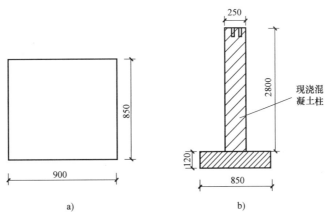

图 6-25　现浇混凝土花架柱子示意图

a）花架柱子局部平面图　b）花架柱子断面图

【解】

（1）识图内容

通过题干内容可知现浇混凝土花架柱共有 4 根，柱身截面尺寸为 250mm×250mm，根据现浇混凝土花架示意图可知现浇混凝土花架柱底座截面尺寸为 900mm×850mm，高为 120mm，现浇混凝土花架柱身高 2800mm。

（2）工程量计算

① 清单工程量

$$V = (0.9×0.85×0.12 + 0.25×0.25×2.8)×4 = 1.07(\text{m}^3)$$

② 定额工程量

定额工程量同清单工程量。

【小贴士】 式中：0.9 为现浇混凝土花架柱底座长；0.85 为现浇混凝土花架柱底座宽；0.12 为现浇混凝土花架底座高；0.25×0.25 为现浇混凝土花架柱截面尺寸；2.8 为现浇混凝土花架柱身高；4 为现浇混凝土花架柱数量。

图 6-26 混凝土花架实物图

【例 6-9】 图 6-27 所示为一个花架柱详图，各尺寸如图所示，求花架柱工程量。

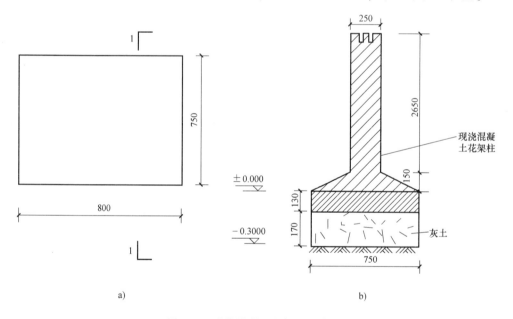

图 6-27 现浇混凝土花架柱示意图

a）柱平面示意图 b）柱断面示意图

【解】

（1）识图内容

通过题干内容可知现浇混凝土花架共有 1 根柱，现浇混凝土花架柱身截面尺寸为 750mm×800mm，根据现浇混凝土花架示意图可知现浇混凝土花架柱底座上底宽 250mm，下底宽 750mm，高为 130mm，现浇混凝土花架柱身高 2650mm。

（2）工程量计算

① 清单工程量

$V=0.25×0.8×2.65+（0.25+0.75）×0.15÷2×0.8+0.13×0.8×0.75=0.67（m^3）$

② 定额工程量

定额工程量同清单工程量。

【小贴士】　式中：0.25×0.8×2.65为现浇混凝土花架柱身尺寸；（0.25+0.75）×0.15÷2×0.8为现浇混凝土花架柱梯形底座尺寸；0.13×0.8×0.75为现浇混凝土花架底尺寸。

8. 木花架柱、梁

（1）名词概念

木花架：用木制材料建成一定形状的格架供攀缘植物攀附的园林设施，又称棚架、绿廊。庭院用俗称葡萄架。可作遮荫休息之用，并可点缀园景，如图6-28所示。其形式有：

① 廊式花架：最常见的形式，片版支承于左右梁柱上，游人可入内休息。

② 片式花架：片版嵌固于单向梁柱上，两边或一面悬挑，形体轻盈活泼。

③ 独立式花架：用木格栅，做成墙垣、花瓶、伞亭等形状，用藤本植物缠绕成形，供观赏用。

（2）实际案例算量解析

【例6-10】　图6-29所示为某木花架局部平面，各檩厚150mm，试求木花架上方短梁工程量。

图6-28　木花架

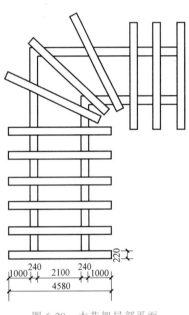

图6-29　木花架局部平面

【解】

（1）识图内容

通过题干内容可知木花架梁长4580mm，宽220mm，厚150mm，由图6-29可知共有12根。

（2）工程量计算

① 清单工程量

木花架梁工程量=4.58×0.15×0.22×12=1.81（m³）

② 定额工程量

定额工程量同清单工程量。

【小贴士】 式中：4.58×0.15×0.22 为木花架梁尺寸，12 为木花架梁数量。

9. 竹制飞来椅

（1）名词概念

飞来椅又称"廊椅""美人靠"，是木结构建筑上比较常见的构件，特别是在安徽南部的徽式建筑上更为多见。它一般都设在两层建筑的第二层面对天井的一边，可以当作二楼回廊的栏杆，同时又是可以倚靠的座椅。在江南园林特别是如水榭等建筑，临水处也常有类似的栏杆，如图 6-30 所示。

（2）实际案例导入与算量解析

【例 6-11】 图 6-31 为亭子立面图，左右各设置竹制飞来椅，单侧座凳面中心线长度为 5m，试计算该亭子竹制飞来椅工程量。

图 6-30 飞来椅

图 6-31 竹制飞来椅

【解】

（1）识图内容

通过题干内容可知竹制飞来椅分为两部分，各为 5m 长。

（2）工程量计算

① 清单工程量

$L = 5 \times 2 = 10$ （m）

② 定额工程量

定额工程量同清单工程量。

【小贴士】 式中：5 为单侧座凳面中心线长度。

10. 水磨石桌凳

（1）名词概念

水磨石桌凳如图 6-32 所示。

（2）实际案例导入与算量解析

视频 6-8：水磨
石桌凳

【例 6-12】　图 6-33 为水磨石桌凳实物图，水磨石桌面直径为 90cm，厚度为 6cm，总高为 70cm，设有 4 个石凳，直径为 22cm，高 36cm，试计算该水磨石桌凳工程量。

图 6-32　水磨石桌凳

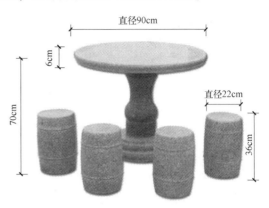

图 6-33　水磨石桌凳实物图

【解】

（1）识图内容

通过题干内容可知水磨石桌面直径为 90cm，厚度为 6cm，总高为 70cm；设有四个石凳，直径为 22cm，高 36cm。

（2）工程量计算

① 清单工程量

水磨石桌数量为 1 个；水磨石凳数量为 4 个。

② 定额工程量

定额工程量同清单工程量。

【小贴士】　式中：1 为水磨石桌数量；4 为水磨石凳数量。

11. 塑料树根桌凳

（1）名词概念

塑料树根桌凳如图 6-34 所示。

（2）实际案例导入与算量解析

【例 6-13】　园林建筑小品、塑料树根桌凳如图 6-35 所示，求其工程量（桌凳直径为 0.8m）。

【解】

（1）识图内容

通过题干内容可知塑料树根桌凳直径为 0.8m，数量为 4 个。

图 6-34　塑料树根桌凳

（2）工程量计算

① 清单工程量

塑料树根桌凳数量为 4 个。

② 定额工程量

定额工程量同清单工程量。

【小贴士】　式中：4 为塑料树根桌凳数量。

图 6-35　塑料树根桌凳

6.2.3　关系识图与疑难分析

1. 关系识图

（1）堆塑假山

利用假山的大型建筑物特性对园林空间进行分隔和划分，将空间分成大小不同、形状各异、富于变化的各种空间形态。通过假山的穿插、分隔、夹拥、围合及聚集，在假山区可以创造出山路的流动空间、山坳的闭合空间、山洞的拱穹空间、峡谷的纵深空间等各具特色的空间形式。假山还能够将游人的视线或视点引到高处或低处，创造仰视和俯视空间景象。

园林假山能够提供的环境类型比平坦地形要多得多。在塑石假山区，不同坡度、不同坡向、不同光照条件、不同土质及不同通风条件的情况随处可寻，这就给不同生态习性的多种植物提供了众多的良好的生长环境条件，有利于提高假山区的生态质量和植物景观质量。

堆塑假山是造景小品、点缀风景。如图 6-36 所示。

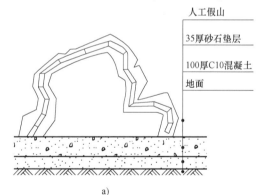

a)　　　　　　　　　　　　　　　　　　b)

图 6-36　堆塑假山

a）堆塑假山剖面图　b）堆塑假山实物图

一般做法为在堆塑假山布置场地对地面进行加固、夯实等处理后，在之上铺设一层混凝土垫层，混凝土上边为一层砂石垫层，之后再上边进行假山放置。

（2）景观亭

亭子是我国的一种传统建筑，多建于园林、佛寺、庙宇。是建在路旁或花园里供人休息、避雨、乘凉用的建筑物，面积较小，大多只有顶，没有墙。

材料多以木材、竹材、石材及钢筋混凝土为主，近年来玻璃、金属、有机材料等也被人们引进到该种建筑上，使得亭子这种古老的建筑体系有了现代的时尚感觉。

亭子也是用来点缀园林景观的一种园林小品。如图 6-37 所示。

视频 6-9：
景观亭

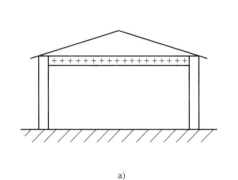

图 6-37 景观亭

a) 景观亭立面图 b) 景观亭实物图

中式景观亭平面形式以正多边形居多，亭顶的造型丰富，常见的有攒尖顶、歇山顶、庑殿顶和盝顶式，立于湖光山色之间，别有意境。

（3）亭廊屋面

亭者，停也，人所停集也，古代叫作亭，现代喜欢叫作廊架，叫法不同，但基本功能一致，都是为游人提供休憩之所，现代的"亭"在满足了基本使用功能的基础上，更加注重其艺术性，不仅可以用，看起来也很漂亮，甚至是一件艺术品。

① 如图 6-38 所示为某一亭的详图，包括平面图、屋面图、立面图和剖面图四个部分。根据平面图可知亭子尺寸为 2700mm×2700mm；根据屋面图可知屋面斜长 1660mm；根据立面图可知亭高 3400mm。

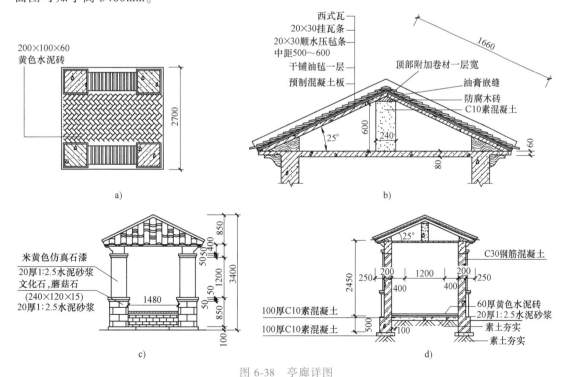

图 6-38 亭廊详图

a) 平面图 b) 屋面详图 c) 立面图 d) 剖面图

② 在平面图中，可知屋面采用黄色水泥砖，尺寸为 200×100×60；在屋面图中，屋面的做法自下而上依次为预制混凝土板、一层干铺油毡、20×30 顺水压毡条（中距 500~600）、20×30 挂瓦条、西式瓦；在立面图及剖面图中，可知亭子各个部位构件的尺寸及做法，如在立面图中，柱子外刷米黄色仿真石漆，如在剖面图中可知亭子基础的做法。

2. 疑难分析

（1）堆塑假山

① 假山（堆筑无山丘除外）工程的挖土方、开凿石方、回填等应按现行国家标准《建设工程工程量清单计价规范》（GB 50500—2013）相关项目编码列项。

② 散铺河滩石按点风景石项目单独编码列项。

③ 堆筑土山丘，适用于夯填、堆筑而成。

（2）原木、竹构件

① 原木（带树皮）柱、梁、檩、椽按设计图示尺寸以长度计算（包括榫长）；原木（带树皮）墙按设计图示尺寸以面积计算（不包括柱、梁），原木（带树皮）墙的柱、梁在原木（带树皮）柱、梁、檩、椽中进行计算，所以不包括柱、梁。

音频 6-3：原木、
竹构件定额
规则解析

② 木构件连接方式应包括：开榫连接、铁件连接、扒钉连接、铁钉连接。

③ 竹构件连接方式应包括：竹钉固定、竹篾绑扎、钢丝连接。

（3）亭廊屋面

① 柱顶石（磉蹬石）、钢筋混凝土屋面板、钢筋混凝土亭屋面板、木柱、木屋架、钢柱、钢屋架、屋面木基层和防水层等，应按现行国家标准《建设工程工程量清单计价规范》（GB 50500—2013）中相关项目编码列项。

② 亭廊屋面按设计图示尺寸以斜面或实铺面积计算，亭廊屋面的柱、梁等另行计算，按照相关项目编码列项。

第7章 园林工程定额与清单计价

7.1 园林工程定额计价

7.1.1 园林工程定额计价方法

预算定额是指在正常的施工条件下，规定完成一定计量单位的合格分项工程或结构构件所需消耗的人工、材料、机械台班数量及其相应费用的标准。

1. 工程定额的作用

（1）编制施工进度计划的基础

在组织管理施工中，需要编制进度与作业计划，其中应考虑施工过程中的人力、材料、机械台班的需用量，是以定额为依据计算的。

（2）确定建筑工程造价的依据

根据设计规定的工程标准、数量及其相应的定额确定人工、材料、机械台班所消耗数量及单位预算价值和各种费用标准确定工程造价。

音频 7-1：工程
定额的作用

（3）推行经济责任制的重要依据

建筑企业在全面推行投资包干制和以招标投标为核心的经济责任制中，签订投资包干的协议，计算招标标底和投标报价，签订总包和分包合同协议等，都以建设工程定额为编制依据。

（4）企业降低工程成本的重要依据

以定额为标准，分析比较成本的消耗。通过分析比较找出薄弱环节，提出改革措施，降低人工、材料、机械台班等费用在建筑产品中的消耗，从而降低工程成本，取得更好的经济效益。

（5）提高劳动生产率，总结先进生产方法的重要手段

企业根据定额把提高劳动生产率的指标和措施，具体落实到每个人或班组。工人为完成或超额完成定额，将努力提高技术水平，使用新方法、新工艺，改善劳动组织、降低消耗、提高劳动生产率。

2. 工程定额的分类

（1）按专业分类

由于工程建设涉及众多的专业，不同的专业所含的内容也不同，因此就确定人工、材料和机械台班消耗数量标准的工程定额来说，也需按不同的专业分别进行编制和执行。

音频 7-2：工程
定额的分类

① 建筑工程定额按专业对象分为建筑及装饰工程定额、房屋修缮工程定额、市政工程定额、铁路工程定额、公路工程定额、矿山井巷工程定额等。

② 安装工程定额按专业对象分为电气设备安装工程定额、机械设备安装工程定额、热力设备安装工程定额、通信设备安装工程定额、化学工业设备安装工程定额、工业管道安装工程定额和工艺金属结构安装工程定额等。

（2）按定额反映的生产要素消耗内容分类

按定额反映的生产要素消耗内容分类可以把工程定额划分为劳动消耗定额、机械消耗定额和材料消耗定额三种。

① 劳动消耗定额。简称劳动定额（也称为人工定额），是在正常的施工技术和组织条件下，完成规定计量单位合格的建筑安装产品所消耗的人工工日的数量标准。劳动定额的主要表现形式是时间定额，但同时也表现为产量定额。时间定额与产量定额互为倒数。

② 材料消耗定额。简称材料定额，是指在正常的施工技术和组织条件下，完成规定计量单位合格的建筑安装产品所消耗的原材料、成品、半成品、构配件、燃料，以及水、电等动力资源的数量标准。

③ 机械消耗定额。机械消耗定额是以一台机械一个工作班为计量单位，所以又称为机械台班定额。机械消耗定额是指在正常的施工技术和组织条件下，完成规定计量单位合格的建筑安装产品所消耗的施工机械台班的数量标准。机械消耗定额的主要表现形式是机械时间定额和机械产量定额。

（3）按定额的编制程序和用途分类

按定额的编制程序和用途分类可以把工程定额分为施工定额、预算定额、概算定额、概算指标和投资估算指标五种。

① 施工定额。施工定额是指完成一定计量单位的某一施工过程或基本工序所需消耗的人工、材料和机械台班数量标准。施工定额是施工企业（建筑安装企业）组织生产和加强管理在企业内部使用的一种定额，属于企业定额的性质。施工定额是以某一施工过程或基本工序作为研究对象，表示生产产品数量与生产要素消耗综合关系编制的定额。为了适应组织生产和管理的需要，施工定额的项目划分很细，是工程定额中分项最细、定额子目最多的一种定额，也是工程定额中的基础性定额。

② 预算定额。预算定额在正常的施工条件下，完成一定计量单位合格分项工程和结构构件所需消耗的人工、材料、施工机械台班数量及其费用标准。预算定额是一种计价性定额。从编制程序上看，预算定额是以施工定额为基础综合扩大编制的，同时它也是编制概算定额的基础。

③ 概算定额。概算定额是完成单位合格扩大分项工程或扩大结构构件所需消耗的人工、材料和施工机械台班的数量及其费用标准，是一种计价性定额。概算定额是编制扩大初步设计概算、确定建设项目投资额的依据。概算定额的项目划分粗细，与扩大初步设计的深度相适应，一般是在预算定额的基础上综合扩大而成的，每一综合分项概算定额都包含了数项预算定额。

④ 概算指标。概算指标是以单位工程为对象，反映完成一个规定计量单位建筑安装产品的经济消耗指标。概算指标是概算定额的扩大与合并，以更为扩大的计量单位来编制的。概算指标的内容包括人工、机械台班、材料定额三个基本部分，同时还列出了各结构分部的

工程量及单位建筑工程（以体积计或面积计）的造价，是一种计价定额。

⑤ 投资估算指标。投资估算指标是以建设项目、单项工程、单位工程为对象，反映建设总投资及其各项费用构成的经济指标。它是在项目建议书和可行性研究阶段编制投资估算、计算投资需要量时使用的一种定额。它的概略程度与可行性研究阶段相适应。投资估算指标往往根据历史的预、决算资料和价格变动等资料编制，但其编制基础仍然离不开预算定额、概算定额。

上述各种定额的相互联系见表7-1所示。

表7-1　各种定额间关系的比较

比较内容	施工定额	预算定额	概算定额	概算指标	投资估算指标
研究对象	施工过程或基本工序	分项工程和结构构件	扩大的分项工程或扩大的结构构件	单位工程	建设项目、单项工程
用途	编制施工预算	编制施工图预算	编制扩大初步设计概算	编制初步设计概算	编制投资估算
项目划分	最细	细	较粗	粗	很粗
定额水平	平均先进	平均			
定额性质	生产性定额	计价性定额			

（4）按主编单位和管理权限分类

工程定额可以分为全国统一定额、行业统一定额、地区统一定额、企业定额和补充定额五种。

① 全国统一定额是由国家建设行政主管部门综合全国工程建设中技术和施工组织管理的情况编制，并在全国范围内适用的定额。

② 行业统一定额是考虑到各行业部门专业工程技术特点，以及施工生产和管理水平编制的。一般是只在本行业和相同专业性质的范围内使用。

③ 地区统一定额包括省、自治区、直辖市定额。地区统一定额主要是考虑地区性特点和全国统一定额水平作适当调整和补充编制的。

④ 企业定额是施工单位根据本企业的施工技术、机械装备和管理水平编制的人工、施工机械台班和材料等的消耗标准。企业定额在企业内部使用，是企业综合素质的一个标志。企业定额水平一般应高于国家现行定额才能满足生产技术发展、企业管理和市场竞争的需要。在工程量清单计价方式下，企业定额作为施工企业进行建设工程投标报价的计价依据，正发挥着越来越大的作用。

⑤ 补充定额是指随着设计、施工技术的发展，在现行定额不能满足需要的情况下，为了补充缺项所编制的定额。补充定额只能在指定的范围内使用，可以作为以后修订定额的基础。

上述各种定额虽然适用于不同的情况和用途，但是它们是一个互相联系的、有机的整体，在实际工作中配合使用。

3. 定额计价法的步骤

定额计价法的步骤如图7-1所示。

4. 定额计价法的基本程序

定额计价法的基本程序见表7-2所示。

音频7-3：定额
计价的步骤

图 7-1　定额计价步骤示意图

表 7-2　工程定额计价法的基本程序（一般计税方法）

序号	费用名称	计算公式	备注
1	**分部分项工程费**	[1.2]+[1.3]+[1.4]+[1.5]+[1.6]+[1.7]	
1.1	其中:综合工日	定额基价分析	
1.2	定额人工费	定额基价分析	
1.3	定额材料费	定额基价分析	
1.4	定额机械费	定额基价分析	
1.5	定额管理费	定额基价分析	
1.6	定额利润	定额基价分析	
1.7	调差	[1.7.1]+[1.7.2]+[1.7.3]+[1.7.4]	
1.7.1	人工费差价		
1.7.2	材料费差价		不含税价调差
1.7.3	机械差价		
1.7.4	管理差价		按规定调差
2	**措施项目费**	[2.2]+[2.3]+[2.4]	
2.1	其中:综合工日	定额基价分析	
2.2	安全文明施工费	定额基价分析	不可竞争费
2.3	单价类措施费	[2.3.1]+[2.3.2]+[2.3.3]+[2.3.4]+[2.3.5]+[2.3.6]	
2.3.1	定额人工费	定额基价分析	
2.3.2	定额材料费	定额基价分析	
2.3.3	定额机械费	定额基价分析	
2.3.4	定额管理费	定额基价分析	
2.3.5	定额利润	定额基价分析	
2.3.6	调差	[2.3.6.1]+[2.3.6.2]+[2.3.6.3]+[2.3.6.4]	
2.3.6.1	人工费差价		
2.3.6.2	材料费差价		不含税价调差
2.3.6.3	机械差价		
2.3.6.4	管理差价		按规定调差
2.4	其他措施费(费率类)	[2.4.1]+[2.4.2]	
2.4.1	其他措施费(费率类)	定额基价分析	
2.4.2	其他(费率类)		按约定
3	**其他项目费**	[3.1]+[3.2]+[3.3]+[3.4]+[3.5]	
3.1	暂列金额		按约定
3.2	专业工程暂估价		按约定
3.3	计日工		按约定

（续）

序号	费用名称	计算公式	备注
3.4	总承包服务费	业主分包专业工程造价×费率	按约定
3.5	其他		按约定
4	**规费**	[4.1]+[4.2]+[4.3]	**不可竞争费**
4.1	定额规费	定额基价分析	
4.2	工程排污费		
4.3	其他		
5	**不含税工程造价**	[1]+[2]+[3]+[4]	
6	**增值税**	[5]×9%	**一般计税方法**
7	**含税工程造价**	[5]+[6]	

7.1.2 工程量定额计价的编制

园林工程定额计价的基本方法是工料单价法，工料单价法又分为单价法和实物法。下面分别讲解它们的编制方法步骤。

1. 单价法编制的基本步骤

（1）准备资料、熟悉施工图纸

准备现行建筑安装定额、取费标准、统一工程量计算规则和地区材料预算价格等各种信息资料。详细查看施工图纸，分析分部分项工程。

（2）计算工程量

① 根据工程内容和定额项目，列出需计算工程量的分部分项工程。

② 根据一定的顺序和规则，列出分部分项工程量的计算式。

③ 根据设计图纸上的设计尺寸及有关数据，代入计算式进行计算。

④ 对计算结果进行调整（单位），使之与定额中相应的分部分项工程的计量单位保持一致。

当然，现在都在用软件算量了，这些步骤可能不适用于现在的工作方法，但是我们还是要知道基本的方法。

（3）套定额单价，计算直接工程费

核对工程量计算结果后，利用地区统一单位估价表中的分部分项定额单价，计算出各分项工程合价，汇总求出单位工程直接费。

计算直接费时应注意的 4 项内容：

① 分部分项工程的名称、规格、计量单位与定额单价或估价表中所列内容完全一致时，可以直接套用定额单价。

② 分部分项工程的主要材料品种与定额单价或单位估价表中规定材料不一致时，不可以直接套用定额单价，应当按实际使用材料价格换算定额单价。

③分部分项工程施工工艺条件与定额单价或单位估价表不一致而造成人工、机械台班的数量增减时，一般调量不换价。

④ 分部分项工程不能直接套用定额或不能换算和调整时，应编制补充单位估价表。

（4）编制工料分析表

根据各分部分项工程项目的实物工程量和定额项目中所列的用工及材料数量，计算各分部分项工程所需人工及材料数量，汇总后算出该工程所需各类人工、材料的数量。

按计价程序计取其他费用，并汇总得出总造价。

根据规定的费率、税率和相应的计算基数，分别计算措施费、间接费、利润和税金。将上述费用累计后与直接费进行汇总得出单位工程总造价。

（5）复核

对项目填列、工程量计算公式、套用的单价、采用的取费基数、各种费率、数据精度等进行逐一复核，及时发现，及时修改。

（6）填写封面、编制说明

复核无误后，填写封面、编制说明。

2. 实物法编制的基本步骤

通常采用实物法计算工程造价时，在计算出分部分项工程的人工、材料、机械台班消耗量后，先按类相加求出工程所需的各种人工、材料及机械台班的消耗量，再分别乘以当时的实际单价，求得人工费、材料费、施工机械使用费并汇总求和。

实物法所用人工、材料、机械台班单价都是当时当地实际价格，编制出的工程造价能较准确地反映实际水平，误差较小。

（1）搜集各种编制依据资料

针对实物法的特点，在此阶段中需要全面地搜集各种人工、材料、机械台班当时当地的实际价格，包括：不同品种、不同规格的材料预算价格，不同工种的人工工资单价，不同种类、不同型号的机械台班单价等。要求获得的各种实际价格全面、系统、真实和可靠。

（2）熟悉施工图纸和定额

可参考单价法相应的内容。

（3）计算工程量

本步骤的内容与单价法相同。

（4）套用相应预算人工、材料、机械台班定额用量

建设部 1995 年颁布的《全国统一建筑工程基础定额》（土建部分，是一部量价分离定额）和现行全国统一安装定额、专业统一和地区统一的计价定额的实物消耗量，是完全符合国家技术规范、质量标准并反映一定时期施工工艺水平的分项工程计价所需的人工、材料、施工机械的消耗量的标准。这个消耗量标准，在建材产品、标准、设计、施工技术及其相关规范和工艺水平等没有大的突破性变化之前，是相对稳定不变的，因此，它是合理确定和有效控制造价的依据。这个定额消耗量标准是由工程造价主管部门按照定额管理分工进行统一制定，并根据技术发展适时地补充修改。

（5）统计汇总单位工程所需的各类人工工日的消耗量、材料消耗量、机械台班消耗量

根据预算人工定额所列的各类人工工日的数量，乘以各分项工程的工程量，算出各分项工程所需的各类人工工日的数量，然后统计汇总，获得单位工程所需的各类人工工日消耗量。同样，根据预算材料定额所列的各种材料数量，乘以各分项工程的工程量，并按类相加求出单位工程各材料的消耗量。根据预算机械台班定额所列的各种施工机械台班数量，乘以各分项工程的工程量，并按类相加，从而求出单位工程各施工机械台班的消耗量。

（6）根据当时、当地的人工、材料和机械台班单价，汇总人工费、材料费和机械使用费

随着我国劳动工资制度、价格管理制度的改革，预算定额中的人工单价、材料价格等的

变化，已经成为影响工程造价的最活跃的因素。因此，对人工单价、设备、材料的因素价格和施工机械台班单价，可由工程造价主管部门定期发布价格、造价信息，为基层提供服务。企业也可以根据自己的情况，自行确定人工单价、材料价格、施工机械台班单价。人工单价可按各专业、各地区企业一定时期实际发放的平均工资（奖金除外）水平合理确定，并按规定加入相应的工资性补贴。材料预算价格可分为原价（或供应价）和运杂费及采购保管费两部分，材料原价可按各地生产资料交易市场或销售部门一定时间的销售量和销售价格综合确定。用当时当地的各类实际工料机单价乘以相应的工料机消耗量，即得单位工程人工费、材料费和机械使用费。

（7）计算其他各项费用，汇总造价

这里的各项费用包括其他直接费、间接费、计划利润及营业税等。一般讲，其他直接费、营业税相对比较稳定；而间接费、计划利润则要根据建筑市场供求状况，随行就市，浮动较大。

（8）复核

要求认真检查人工、材料、机械台班的消耗量计算得是否合理准确等。有无漏算或多算，套取的定额是否准确，采用的价格是否合理。其他的内容，可参考单价法相应步骤的介绍。

（9）编制说明、填写封面

本步骤的内容与单价法相同，这里不再重复。

总之，采用实物法编制施工图预算，由于所用的人工、材料和机械台班的单价都是当时的实际价格，所以编制出的预算能比较准确地反映实际水平，误差较小，这种方法适合于市场经济条件下价格波动较大的情况。在市场经济条件下，人工、材料和机械台班单价是随市场供求情况而变化的，而且它们是影响工程造价最活跃、最主要的因素。但是，采用实物法编制施工预算需要统计人工、材料、机械台班消耗量，还需要搜集相应的实际价格，因而工作量较大，计算过程烦琐。随着建筑市场的开放和价格信息系统的建立，以及竞争机制作用的发挥和计算机的普及，实物法将是一种与统一"量"、指导"价"、竞争"费"的工程造价管理机制相适应的行之有效的预算编制方法。因此，实物法是与市场经济体制相适应的预算编制方法。

7.2 园林工程量清单计价

7.2.1 园林工程清单计价方法

1. 基本概念

工程量清单计价包括招标控制价和投标报价，并贯穿于合同价款约定、工程计量与价款支付、索赔与现场签证、工程价款调整、工程竣工结算办理、工程造价计价争议处理等全过程计价活动。

招标控制价是招标人根据国家或省级、行业建设主管部门颁发的有关计价依据和办法，以及拟定的招标文件和招标工程量清单，结合工程具体情况编制的招标工程的最高投标限价。我国规定，使用国有资金投资的建设工程发承包，必须采用工程量清单计价并编制招标控制价。招标控制价超过批准的概算时，招标人应将其报原概算审批部门审核。投标人的投标报价高于招标控制价的应予废标。招标控制价应由具有编制能力的招标人，或受其委托具有相应资质的工程造价咨询人编制和复核。招标控制价应在发布招标文件时公布，不应上调或下浮，招标人应将招标控制价及有关资料报送工程所在地或有该工程管辖权的行业管理部门的工程造价管理机构备查。

投标报价是在采用工程量清单招标时，投标人根据招标文件的要求和招标工程量清单、工程特点，并结合自身的施工技术、装备和管理水平，依据有关计价规定自主确定的工程造价，是投标人希望达成工程承包交易的期望价格，但不得低于成本。投标报价应由投标人或受其委托具有相应资质的工程造价咨询人编制。

2. 工程量清单的计价程序

工程量清单的计价程序如图 7-2 所示。

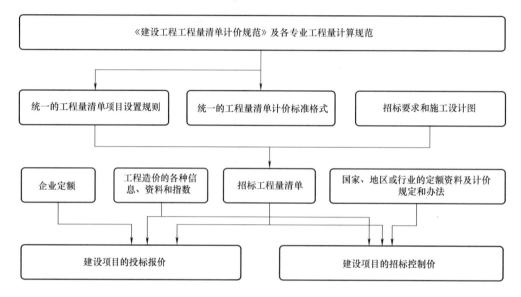

图 7-2　工程量清单的计价程序图

3. 工程量清单编制程序

工程量清单编制程序如图 7-3 所示。

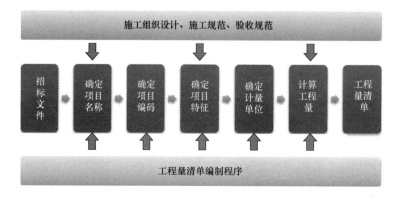

图 7-3　工程量清单编制程序图

4. 各项费用的计算

（1）分部分项工程费的计算

分部分项工程费的计算公式为

$$分部分项工程费 = \sum（分部分项清单工程量×综合单价）\qquad (7\text{-}1)$$

式中：分部分项清单工程量应根据各专业工程量计算规范中的"工程量计算规则"和施工图、各类标配图计算。

综合单价是指完成一个规定清单项目所需的人工费、材料费（含工程设备）、机械使用费、管理费和利润的单价。综合单价计算公式为

$$综合单价 = \frac{清单项目费用（含人/材/机/管/利）}{清单工程量}\qquad (7\text{-}2)$$

1）人工费、材料费、机械使用费的计算

人工费、材料费、机械使用费的计算，见表7-3所示。

表 7-3　人工费、材料费、机械使用费的计算表

费用名称	计算方法
人工费	分部分项工程量×人工消耗量×人工工日单价
材料费	分部分项工程量×∑（材料消耗量×材料单价）
机械使用费	分部分项工程量×∑（机械台班消耗量×机械台班单价）

注：表中的分部分项工程量是指按定额计算规则计算出的"定额工程量"。

2）管理费的计算

① 管理费的计算表达式为

$$管理费 = （定额人工费 + 定额机械费×8\%）×管理费费率\qquad (7\text{-}3)$$

定额人工费是指在"消耗量定额"中规定的人工费，是以人工消耗量乘以当地某一时期的人工工资单价得到的计价人工费，它是管理费、利润、社保费及住房公积金的计费基础。当出现人工工资单价调整时，价差部分可计入其他项目费。

定额机械费也是指在"消耗量定额"中规定的机械费，是以机械台班消耗量乘以当地某一时期的人工工资单价、燃料动力单价得到的计价机械费。它是管理费、利润的计费基础。当出现机械中的人工工资单价、燃料动力单价调整时，价差部分可计入其他项目费。

② 管理费费率见表7-4所示。

表 7-4　管理费费率表

专业	房屋建筑与装饰工程	通用安装工程	市政工程	园林绿化工程	房屋修缮及仿古建筑工程	城市轨道交通工程	独立土石方工程
费率（%）	33	30	28	28	23	28	25

3）利润的计算

① 利润的计算表达式为

$$利润 = （定额人工费 + 定额机械费×8\%）×利润率\qquad (7\text{-}4)$$

② 利润率见表7-5所示。

表 7-5　利润率表

专业	房屋建筑与装饰工程	通用安装工程	市政工程	园林绿化工程	房屋修缮及仿古建筑工程	城市轨道交通工程	独立土石方工程
利润率(%)	20	20	15	15	15	18	15

（2）措施项目费的计算

措施项目费是指为完成工程项目施工，而用于发生在该工程施工准备和施工过程中的技术、生活、安全、环境保护等方面的非工程实体项目所支出的费用。措施项目清单计价应根据建设工程的施工组织设计，可以计算工程量的措施项目，应按分部分项工程量清单的方式采用综合单价计价；其余的不能算出工程量的措施项目，则用总价项目的方式，以"项"为单位的方式计价，应包括除规费、税金外的全部费用。措施项目清单中的安全文明施工费应按照国家或省级、行业建设主管部门的规定计价，不得作为竞争性费用。

措施项目费的计算方法一般有以下几种：

1）综合单价法

这种方法与分部分项工程综合单价的计算方法一样，就是根据需要消耗的实物工程量与实物单价计算措施费，适用于可以计算工程量的措施项目，主要是指一些与工程实体有紧密联系的项目，如混凝土模板、脚手架、垂直运输等。与分部分项工程不同，并不要求每个措施项目的综合单价必须包含人工费、材料费、机械费、管理费和利润中的每一项。

$$措施项目费 = \sum（单价措施项目工程量×单价措施项目综合单价） \qquad (7-5)$$

2）参数法计价

参数法计价是指按一定的基数乘系数的方法或自定义公式进行计算。这种方法简单明了，但最大的难点是公式的科学性、准确性难以把握。这种方法主要适用于施工过程中必须发生，但在投标时难具体分项预测，又无法单独列出项目内容的措施项目。如夜间施工费、二次搬运费、冬雨季施工的计价均可以采用该方法，计算公式如下：

① 安全文明施工费

$$安全文明施工费 = 计算基数×安全文明施工费费率（%） \qquad (7-6)$$

计算基数应为定额基价（定额分部分项工程费+定额中可以计量的措施项目费）、定额人工费或（定额人工费+定额机械费），其费率由工程造价管理机构根据各专业工程的特点综合确定。

② 夜间施工增加费

$$夜间施工增加费 = 计算基数×夜间施工增加费费率（%） \qquad (7-7)$$

③ 二次搬运费

$$二次搬运费 = 计算基数×二次搬运费费率 （%） \qquad (7-8)$$

④ 冬雨季施工增加费

$$冬雨季施工增加费 = 计算基数×冬雨季施工增加费费率 \qquad (7-9)$$

⑤ 已完工程及设备保护费

$$已完工程及设备保护费 = 计算基数×已完工程及设备保护费费率 （%） \qquad (7-10)$$

上述②～⑤项措施项目的计费基数应为定额人工费或（定额人工费+定额机械费），其费率由工程造价管理机构根据各专业工程特点和调查资料综合分析后确定。

3）分包法计价

在分包价格的基础上增加投标人的管理费及风险费进行计价的方法，这种方法适合可以分包的独立项目，如室内空气污染测试等。

有时招标人要求对措施项目费进行明细分析，这时采用参数法组价和分包法组价都是先计算该措施项目的总费用，这就需要人为用系数或比例的办法分摊人工费、材料费、机械费、管理费及利润。

（3）其他项目费的计算

其他项目费由暂列金额、暂估价、计日工和总承包服务费等内容构成。

暂列金额和暂估价由招标人按估算金额确定。招标人在工程量清单中提供的暂估价的材料、工程设备和专业工程，若属于依法必须招标的，由承包人和招标人共同通过招标确定材料、工程设备单价与专业工程分包价；若材料、工程设备不属于依法必须招标的，经发、承包双方协商确认单价后计价；若专业工程不属于依法必须招标的，由发包人、总承包人与分包人按有关计价依据进行计价。

计日工和总承包服务费由承包人根据招标人提出的要求，按估算的费用确定。

（4）规费、税金的计算

规费是指政府和有关权力部门规定必须缴纳的费用。建筑安装工程税金是指国家税法规定的应计入建筑安装工程造价内的营业税、城市维护建设税、教育费附加及地方教育费附加。如国家税法发生变化或地方政府及税务部门依据职权对税种进行了调整，应对税金项目清单进行相应调整。

规费和税金应按国家或省级、行业建设主管部门的规定计算，不得作为竞争性费用。每一项规费和税金的规定文件中，对其计算方法都有明确的说明，故可以按各项法规和规定的计算方式计取。具体计算时，一般按国家及有关部门规定的计算公式和费率标准进行计算。

7.2.2　工程量清单计价的编制

工程量清单的编制专业性强，内容复杂，对编制人的业务技术水平要求高。能否编制出完整、严谨的工程量清单，直接影响招标的质量，也是招标成败的关键。

1. 工程量清单格式及清单编制的规定

工程量清单应由分部分项工程量清单、措施项目清单、其他项目清单、规费项目清单和税金项目清单组成。

1）工程量清单是招标人要求投标人完成的工程项目及相应工程数量，全面反映了投标报价要求，是投标人进行报价的依据，工程量清单应是招标文件不可分割的一部分，必须由具有编制招标文件能力的招标人或受其委托具有相应资质的中介机构编制。

2）工程量清单反映拟建工程的全部工程内容，由分部分项工程量清单、措施项目清单、其他项目清单组成。

3）编制分部分项工程量清单时，项目编码、项目名称、项目特征、计量单位和工程量计算规则等要严格按照国家制定的计价规范中的附录做到统一，不能任意修改和变更。其中项目编码的第十至十二位可由招标人自行设置。

4）措施项目清单及其他项目清单应根据拟建工程具体情况确定。

2. 工程量清单的编制依据和编制程序

（1）工程量清单的编制依据

工程量清单的内容体现了招标人要求投标人完成的工程项目、工程内容及相应的工程数量。编制工程量清单应依据：

① 建设工程工程量清单计价规范。

② 国家或省级、行业建设主管部门颁发的计价依据和办法。

③ 建设工程设计文件。

④ 与建设工程项目有关的标准、规范、技术资料。

⑤ 招标文件及其补充通知、答疑纪要。

⑥ 施工现场情况、工程特点及常规施工方案。

⑦ 其他相关资料。

音频 7-4：工程量
清单编制依据

（2）工程量清单的编制程序

工程量清单的编制程序有：

① 熟悉图纸和招标文件。

② 了解施工现场的有关情况。

③ 划分项目、确定分部分项清单项目名称、编码（主体项目）。

④ 确定分部分项清单项目的项目特征。

⑤ 计算分部分项清单主体项目工程量。

⑥ 编制清单（分部分项工程量清单、措施项目清单、其他项目清单）。

⑦ 复核、编写总说明。

⑧ 装订。

音频 7-5：工程量
清单编制程序

3. 分部分项工程量清单的编制

分部分项工程量清单必须包括项目编码、项目名称、项目特征、计量单位和工程量。分部分项工程量清单必须根据《园林绿化工程工程量计算规范》（GB 50858—2013）中附录规定的项目编码、项目名称、项目特征、计量单位和工程量计算规则进行编制。

（1）项目编码

分部分项工程量清单的项目编码，应采用 12 位阿拉伯数字表示。1~9 位应按《园林绿化工程工程量计算规范》（GB 50858—2013）中附录的规定设置，10~12 位应根据拟建工程的工程量清单项目名称设置。同一招标工程的项目编码不得有重码。各级编码代表的含义如图 7-4 所示。

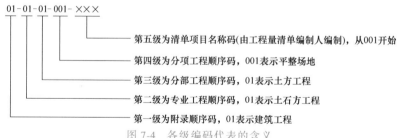

图 7-4　各级编码代表的含义

（2）项目名称

分部分项工程量清单的项目名称应按附录的项目名称结合拟建工程的实际确定。

项目名称应以工程实体命名。这里所指的工程实体，有些是可用适当的计量单位计算的简单完整的施工过程的分部分项工程，也有些是分部分项工程的组合。

（3）工程量

分部分项工程量清单中所列工程量应按附录中规定的工程量计算规则计算。

工程数量的计算主要通过工程量计算规则计算得到。工程量计算规则是指对清单项目工程量的计算规定。除另有说明外，所有清单项目的工程量应以实体工程量为准，并以完成后的净值计算；投标人投标报价时，应在单价中考虑施工中的各种损耗和需要增加的工程量。工程量的计算规则按主要专业划分，包括建筑工程、装饰装修工程、安装工程、市政工程和园林绿化工程 5 个专业部分。

① 建筑工程包括土石方工程，地基与桩基础工程，砌筑工程，混凝土及钢筋混凝土工程，厂库房大门、特种门、木结构工程，金属结构工程，屋面及防水工程，耐腐、隔热、保温工程。

② 装饰装修工程包括楼地面工程，墙柱面工程，顶棚工程，门窗工程，油漆、涂料、裱糊工程，其他装饰工程。

（4）计量单位

分部分项工程量清单的计量单位应按附录中规定的计量单位确定。工程数量应遵守下列规定：

① 以"吨""公里"为单位，应保留小数点后 3 位数字，第四位四舍五入。

音频 7-6：计量单位

② 以"立方米""平方米""米"为单位，应保留小数点后两位数字，第三位四舍五入。

③ 以"个""项""付"及"套"等为单位，应取整数。

当计量单位有两个或两个以上时，应根据所编工程量清单项目的特征要求，选择最适宜表现该项目特征并方便计量的单位。如门窗工程的计量单位为"樘/m^2"两个计量单位，实际工作中，应选择最适宜、最方便计量的单位来表示。

（5）项目特征

项目特征是指构成分部分项工程量清单项目、措施项目自身价值的本质特征。项目特征的表述按拟建工程的实际要求，以能满足确定综合单价的需要为前提。在编制工程量清单时应根据计价规范附录中有关项目特征的要求，结合技术规范、标准图集、施工图纸，按照工程结构、使用材质及规格或安装位置等予以详细而准确的表述和说明。在进行项目特征描述时，可掌握以下要点：

① 必须描述的内容：涉及正确计量的内容必须描述；涉及结构要求的内容必须描述；涉及材质要求的内容必须描述；涉及安装方式的内容必须描述。

② 可不描述的内容：对计量计价没有实质影响的内容可以不描述；应由投标人根据施工方案确定的可以不描述；应由投标人根据当地材料和施工要求确定的可以不描述；应由施工措施解决的可以不描述。

③ 可不详细描述的内容：无法准确描述的可不详细描述，如土壤类别注明由投标人根据地勘资料自行确定土壤类别，决定报价。施工图纸、标准图集标注明确的，可不再详细描述，对这些项目可描述为见××图集××页号及节点大样等。还有一些项目可不详细描述，如土方工程中的"取土运距""弃土运距"等，但应注明由投标人自定。

（6）补充项目

随着科学技术日新月异的发展，工程建设中新材料、新技术、新工艺不断涌现，《建设工程工程量清单计价规范》（GB 50500—2013）附录所列的工程量清单项目不可能包罗万象，更不可能包含随科技发展而出现的新项目。在实际编制工程量清单时，当出现该规范附录中未包括的清单项目时，编制人应作补充。

补充项目的编码由附录的顺序码与 B 和 3 位阿拉伯数字组成，并应从×B001 起顺序编制，同一招标工程的项目不得重码。工程量清单中需附有补充项目的名称、项目特征、计量单位、工程量计算规则和工程内容。

编制补充项目时应注意以下 3 个方面：

① 补充项目的编码必须按该规范的规定进行。即由附录的顺序码（A、B、C、D、E、F）与 B 和 3 位阿拉伯数字组成。

② 在工程量清单中应附补充项目的项目名称、项目特征、计量单位、工程量计算规则和工作内容。

③ 将编制的补充项目报省级或行业工程造价管理机构备案，补充工程量清单项目及计算规则见表 7-6 所示。

表 7-6 补充工程量清单项目及计算规则

项目编码	项目名称	项目特征	计量单位	工程量计算规则	工程内容
AB001	现浇钢筋混凝土平板模板及支架	1. 构件形式； 2. 支模高度	m^2	按与混凝土的接触面积计算，不扣除面积 ≤ 0.1 m^2 孔洞所占面积	1. 模板安装、拆除； 2. 清理模板粘接物及模内杂物、刷隔离剂； 3. 整理堆放及场内、外运输

4. 措施项目清单的编制

措施项目是指为完成工程项目施工，发生于该工程施工准备和施工过程中的技术、生活、安全、环境保护等方面的非工程实体项目。措施项目清单应根据拟建工程的实际情况列项。"通用措施项目"是指各专业工程的"措施项目清单"中均可列的措施项目，可按表 7-7 选择列项。

表 7-7 通用措施项目一览表

序号	项目名称
1	安全文明施工(含环境保护、文明施工、安全施工、临时设施)
2	夜间施工
3	二次搬运
4	冬雨季施工
5	大型机械设备进出场及安拆
6	施工排水
7	施工降水
8	地上、地下设施,建筑物的临时保护设施
9	已完工程及设备保护

各专业工程的专用措施项目应按计价规范附录中各专业工程中的措施项目并根据工程实际进行选择列项。同时，当出现计价规范未列的措施项目时，可根据工程实际情况进行补充。

一般来说，措施项目费用的发生和金额的大小与使用时间、施工方法或者两个以上工序相关，与实际完成的实体工程量的多少关系不大，典型的是大中型施工机械进出场及安拆费，文明施工和安全防护、临时设施等。以"项"为计量单位进行编制。但有的措施项目，典型的是混凝土浇筑的模板工程，与完成的工程实体具有直接关系，并且是可以精确计量的项目，宜采用分部分项工程量清单的方式进行编制，列出项目编码、项目名称、项目特征、计量单位和工程量计算规则。

对投标人来讲，措施项目清单的编制依据有拟建工程的施工组织设计、拟建工程的施工技术方案、与拟建工程相关的工程施工规范及工程验收规范、招标文件、设计文件。在设置措施项目清单时，首先，要参考拟建工程的施工组织设计，以确定环境保护、文明安全施工、材料的二次搬运等项目。其次，要参阅拟建工程的施工技术方案，以确定大型机具进出场及安拆、混凝土模板与支架、脚手架、施工排水降水、垂直运输机械等项目。第三，要参阅相关的施工规范与工程验收规范，以确定施工技术方案没有表述的但为实现施工规范与工程验收规范要求而必须发生的技术措施、招标文件中提出的某些必须通过一定的技术措施才能实现的要求、设计文件中一些不足以写进技术方案但是要通过一定的技术措施才能实现的内容。

措施项目清单计价应根据拟建工程的施工组织设计，可以计算工程量的措施项目，应按分部分项工程量清单的方式采用综合单价计价；其余的措施项目可以"项"为单位的方式计价，应包括除规费、税金外的全部费用。措施项目清单中的安全文明施工费应按照国家或省级、行业建设主管部门的规定计价，不得作为竞争性费用。

5. 其他项目清单的编制

其他项目清单是指分部分项清单项目和措施项目以外，该工程项目施工中可能发生的其他费用项目和相应数量的清单。其他项目清单宜按照暂列金额、暂估价（包括材料暂估价、专业工程暂估价）、计日工、总承包服务费4项内容来列项。由于工程建设标准的高低、工程的复杂程度、工程的工期长短、工程的组成内容、发包人对工程管理要求等都直接影响其他项目清单的具体内容，以上内容作为列项参考，其不足部分，编制人可根据工程的具体情况进行补充。

（1）暂列金额

暂列金额是指招标人在工程量清单中暂定并包括在合同价款中的一笔款项。用于施工合同签订时尚未确定或者不可预见的所需材料、设备、服务的采购，施工中可能发生的工程变更、合同约定调整因素出现时的工程价款调整以及发生的索赔、现场签证确认等的费用。

暂列金额作为暂定一笔款项，只有按照合同约定程序实际发生后，才能成为中标人的应得金额，纳入合同结算价款中。但是，扣除实际发生金额后的暂列金额余额仍属于招标人所有。设立暂列金额并不能保证合同结算价格就不会再出现超过合同价格的情况，是否超出合同价格完全取决于工程量清单编制人对暂列金额预测的准确性，以及工程建设过程是否出现了其他事先未预测到的事件。

（2）暂估价

暂估价是指招标人在工程量清单中提供的用于支付必然发生但暂时不能确定价格的材料

的单价以及专业工程的金额。

暂估价是在招标阶段预见肯定要发生，只是因为标准不明确或者需要由专业承包人完成，暂时无法确定其价格或金额。

一般而言，为方便合同管理和投标人组价，材料暂估价需要纳入分部分项工程量清单项目综合单价中。专业工程暂估价一般应是综合暂估价，应当包括除规费、税金以外的管理费、利润等。

（3）计日工

计日工是指在施工过程中，完成发包人提出的施工图纸以外的零星项目或工作，按合同中约定的综合单价计价。计日工是为了解决现场发生的零星工作，以完成零星工作所消耗的人工工时、材料数量、机械台班进行计量，并按照计日工表中填报的适用项目的单价进行计价支付。计日工适用的所谓零星工作一般是指合同约定之外的或者因变更而产生的、工程量清单中没有相应项目的额外工作，尤其是那些时间不允许事先商定价格的额外工作。

计日工表中一定要给出暂定数量，并且需要根据经验，尽可能估算一个比较贴近实际的数量。同时，尽可能把项目列全。

（4）总承包服务费

总承包服务费是指总承包人为配合协调发包人进行的工程分包自行采购的设备、材料等进行管理、服务以及施工现场管理、竣工资料汇总整理等服务所需的费用。总承包服务费是为了解决招标人在法律、法规允许的条件下进行专业工程发包以及自行采购供应材料、设备时，要求总承包人对发包的专业工程提供协调和配合服务（如分包人使用总包人的脚手架、水电接剥等）；对供应的材料、设备提供收、发和保管服务以及对施工现场进行统一管理；对竣工资料进行统一汇总整理等发生并向总承包人支付的费用。

招标人应当预计该项费用并按投标人的投标报价向投标人支付该项费用。

6. 规费项目清单的编制

规费是指根据省级政府或省级有关权力部门规定必须缴纳的，应计入建筑安装工程造价的费用。规费项目清单应按照工程排污费、工程定额测定费、社会保障费（包括养老保险费、失业保险费、医疗保险费）、住房公积金、危险作业意外伤害保险等内容列项。若出现上述未列的项目，应根据省级政府或省级有关权力部门的规定列项。

规费作为政府和有关权力部门规定必须缴纳的费用，政府和有关权力部门可根据形势发展的需要，对规费项目进行调整。因此，对《建筑安装工程费用项目组成》未包的规费项目，在计算规费时应根据省级政府和省级有关权力部门的规定进行补充。

7. 税金项目清单的编制

税金是指国家税法规定的应计入建筑安装工程造价内的营业税、城市维护建设税及教育费附加等。税金项目清单应包括营业税、城市维护建设税、教育费附加3项内容。如国家税法发生变化或地方政府及税务部门依据职权对税种进行了调整，应对税金项目清单进行相应调整。

规费和税金应按国家或省级、行业建设主管部门的规定计算，不得作为竞争性费用。

8.1 实例1——公园休憩亭1

郑州市某公园内计划建设一小亭供游人休憩，命名为"春怡亭"，位于公园南侧。"春怡亭"设计详图如图8-1~图8-7所示，四周设钢筋混凝土艺术围栏，木亭由4根长2500mm的原木柱支撑，试列出该工程的工程量清单。

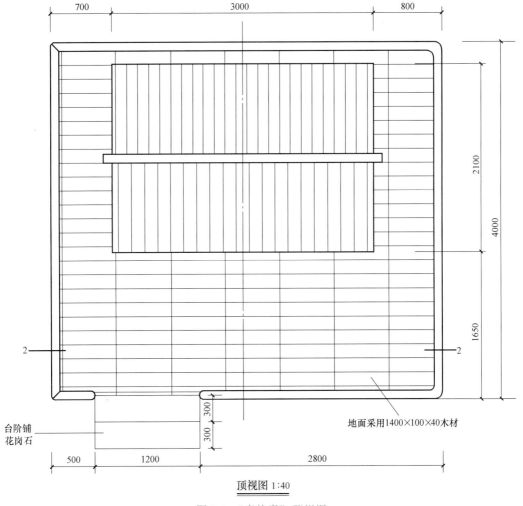

顶视图 1:40

图 8-1 "春怡亭"顶视图

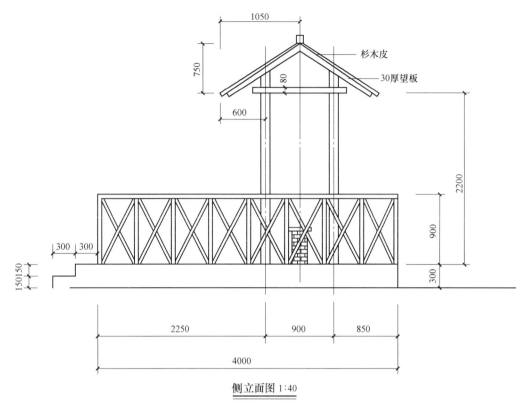

侧立面图 1:40

图 8-2 "春怡亭" 侧立面图

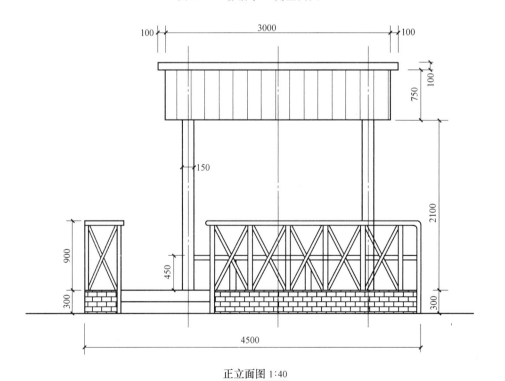

正立面图 1:40

图 8-3 "春怡亭" 正立面图

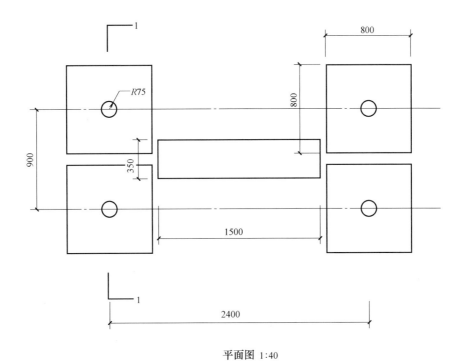

平面图 1:40

图 8-4 "春怡亭"平面图

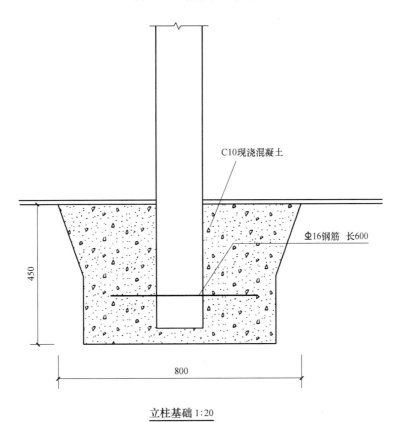

立柱基础 1:20

图 8-5 "春怡亭"立柱基础

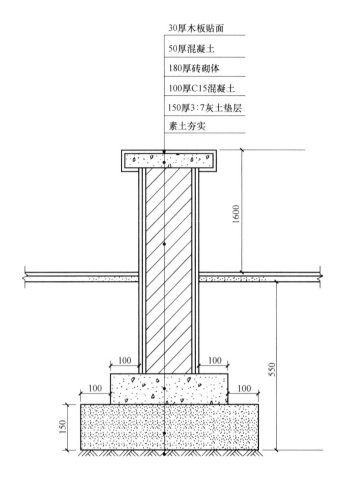

30厚木板贴面

50厚混凝土

180厚砖砌体

100厚C15混凝土

150厚3：7灰土垫层

素土夯实

座凳基础 1：10

图 8-6 "春怡亭"座凳基础

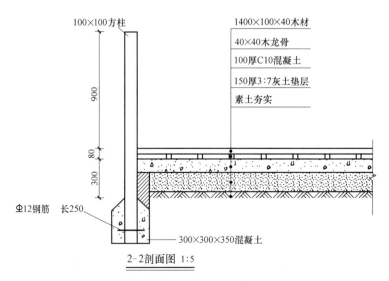

100×100方柱

1400×100×40木材

40×40木龙骨

100厚C10混凝土

150厚3：7灰土垫层

素土夯实

Φ12钢筋　长250

300×300×350混凝土

2-2剖面图 1：5

图 8-7 "春怡亭" 2-2 剖面图

【解】

工程量清单汇总见表 8-1 所示。

表 8-1　春怡亭工程量清单汇总

序号	分项工程名称	单位	工程量	计算简式
1	300×300×350 混凝土基础	m³	0.126	0.3×0.3×0.35×4＝0.126
2	A12 钢筋 长 250	t	0.000888	0.25×4×0.888÷1000＝0.000888
3	100×100 方柱	m³	0.0326	0.1×0.1×(0.35＋0.08＋0.3＋0.9)×2＝0.0326
4	1400×100×40 木材	m³	0.72	4.5×4.0×0.04＝0.72
5	40×40 木龙骨	m²	18	4.5×4.0＝18
6	100 厚 C10 混凝土垫层	m³	2.952	4.5×4.0×0.1＋0.45×0.8×0.8×4＝2.952
7	150 厚 3∶7 灰土垫层	m³	2.87	0.15×4.5×4＋0.75×1.5×0.15＝2.87
8	素土夯实	m²	19.13	4.5×4.0＋1.5×(0.35＋0.1×4)＝19.13
9	杉木皮屋面	m²	8.26	1.29×2×(3＋0.1＋0.1)＝8.26
10	30 厚望板	m²	7.74	1.29×2×3＝7.74
11	100 厚 C15 混凝土垫层	m³	0.08	0.1×0.55×1.5＝0.08
12	180 厚砖砌体	m³	0.51	1.5×(1.6＋0.55－0.15－0.1)×0.18＝0.51
13	50 厚混凝土	m³	0.03	0.05×0.35×1.5＝0.03
14	30 厚木板贴片	m³	0.02	0.35×1.5×0.03＝0.02
15	A16 钢筋 长 600	t	0.004	0.6×4×1.58÷1000＝0.004
16	台阶铺花岗石	m²	1.08	(0.6＋0.3)×1.2＝1.08
17	钢筋混凝土艺术围栏	m²	14.22	(2.8＋0.5＋4.0×2＋0.7＋3.0＋0.8)×0.9＝14.22

1. 300×300×350 混凝土基础

（1）清单工程量

项目编码：010501003001　　项目名称：独立基础

工程量计算规则：以"m³"为计量单位，按设计图示尺寸以体积计算。不扣除伸入承台基础的桩头所占体积（见表 8-2）。

① 300×300×350 混凝土基础工程量＝0.3×0.3×0.35×4＝0.126（m³）

式中：0.3×0.3×0.35 为混凝土基础的尺寸，4 为基础数量。

② C10 现浇混凝土工程量＝0.45×0.8×0.8×4＝1.152（m³）

式中：0.45×0.8×0.8 为混凝土立柱基础的尺寸，4 为立柱基础数量。

表 8-2 300×300×350 混凝土基础工程量清单

项目编码	项目名称	项目特征	计量单位	工程量
010501003001	300×300×350 混凝土基础	1. 混凝土种类:商品混凝土 2. 混凝土强度等级:C10	m³	0.126

（2）定额工程量

定额工程量同清单工程量=0.126（m³）

2. A12 钢筋 长 250

（1）清单工程量

项目编码：010515001001　　项目名称：现浇构件钢筋

工程量计算规则：以"t"为计量单位，按设计图示钢筋（网）长度（面积）乘以单位理论质量计算（见表 8-3）。

A12 钢筋 长 250 工程量=0.25×4×0.888=0.888（kg）=0.000888（t）

式中：0.25 为钢筋的长度，4 为钢筋的数量，A12 钢筋的理论质量为 0.8880kg/m。

表 8-3 A12 钢筋长 250 工程量清单

项目编码	项目名称	项目特征	计量单位	工程量
010515001001	A12 钢筋长 250	1. 钢筋种类:HPB300 2. 规格:12mm	t	0.000888

（2）定额工程量

定额工程量同清单工程量=0.000888（t）

3. 100×100 方柱

（1）清单工程量

项目编码：010702001001　　项目名称：木柱

工程量计算规则：以"m³"为计量单位，按设计图示尺寸以体积计算（见表 8-4）。

100×100 方柱工程量=0.1×0.1×(0.35+0.08+0.3+0.9)×2=0.0326(m³)

式中：0.1×0.1 为方柱截面积，0.35+0.08+0.3+0.9 为方柱的长度，2 为方柱的数量。

表 8-4 100×100 方柱工程量清单

项目编码	项目名称	项目特征	计量单位	工程量
010702001001	100×100 方柱	1. 构件规格尺寸:100×100 2. 木材种类:原色木材 3. 刨光要求:表面腻子找平 4. 防护材料种类:表面刷防水防腐防虫涂料	m³	0.0326

（2）定额工程量

定额工程量同清单工程量=0.0326（m³）

4. 1400×100×40 木材

（1）清单工程量

项目编码：050304004001　　　项目名称：木花架柱、梁

工程量计算规则：以"m^3"为计量单位，按设计图示截面面积乘以长度（包括榫长）以体积计算（见表 8-5）。

1400×100×40 木材工程量 = 4.5×4.0×0.04 = 0.72（m^3）

式中：4.5×4.0 为铺贴木材面积，0.04 为木材的厚度。

表 8-5　1400×100×40 木材工程量清单

项目编码	项目名称	项目特征	计量单位	工程量
050304004001	1400×100×40 木材	1. 木材种类：白松木 2. 柱、梁截面：1400×100×40 3. 连接方式：卯榫链接 4. 防护材料种类：表面刷防水防腐防虫涂料	m^3	0.72

（2）定额工程量

定额工程量同清单工程量 = 0.72（m^3）

5. 40×40 木龙骨

（1）清单工程量

项目编码：011104002001　　　项目名称：竹、木（复合）地板

工程量计算规则：以"m^2"为计量单位，按设计图示尺寸以面积计算。门洞、空圈、暖气包槽、壁龛的开口部分并入相应的工程量内（见表 8-6）。

40×40 木龙骨工程量 = 4.5×4.0 = 18（m^2）

式中：4.5×4.0 为木龙骨铺贴面的面积。

表 8-6　40×40 木龙骨工程量清单

项目编码	项目名称	项目特征	计量单位	工程量
011104002001	40×40 木龙骨	1. 龙骨材料种类：木龙骨 2. 规格：40×40	m^2	18

（2）定额工程量

定额工程量同清单工程量 = 18（m^2）

6. 100 厚 C10 混凝土垫层

（1）清单工程量

项目编码：010501001001　　　项目名称：垫层

工程量计算规则：以"m^3"为计量单位，按设计图示尺寸以体积计算，不扣除伸入承台基础的桩头所占体积（见表 8-7）。

① 100 厚 C10 混凝土垫层工程量$_1$ = 4.5×4.0×0.1 = 1.80（m^3）

式中：4.5×4.0 为垫层面积，0.1 为垫层厚度。

② C10 现浇混凝土工程量$_2$ = 0.45×0.8×0.8×4 = 1.152（m^3）

式中：0.45 为垫层厚度，0.8×0.8 为垫层面积，4 为垫层数量。

表 8-7 100 厚 C10 混凝土垫层工程量清单

项目编码	项目名称	项目特征	计量单位	工程量
010501001001	100 厚 C10 混凝土垫层	1. 混凝土种类:商品混凝土 2. 混凝土强度等级:C10	m^3	2.952

（2）定额工程量

定额工程量同清单工程量 = 2.952（m^3）

7. 150 厚 3∶7 灰土垫层

（1）清单工程量

项目编码：010404001001   项目名称：垫层

工程量计算规则：以 "m^3" 为计量单位，按设计图示尺寸以体积计算（见表 8-8）。

① 150 厚 3∶7 灰土垫层工程量$_1$ = 0.15×4.5×4 = 2.7（m^3）

式中：4.5×4.0 为垫层面积，0.15 为垫层厚度。

② 150 厚 3∶7 灰土垫层工程量$_2$ = 0.75×1.5×0.15 = 0.17（m^3）

式中：0.75×1.5 为垫层面积，0.15 为垫层厚度。

表 8-8 150 厚 3∶7 灰土垫层工程量清单

项目编码	项目名称	项目特征	计量单位	工程量
010404001001	150 厚 3∶7 灰土垫层	1. 垫层材料种类:灰土 2. 配合比:3∶7 3. 厚度:150 厚	m^3	2.87

（2）定额工程量

定额工程量同清单工程量 = 2.87（m^3）

8. 素土夯实

（1）清单工程量

项目编码：01B001   项目名称：素土夯实

工程量计算规则：以 "m^2" 为计量单位，按设计图示尺寸以面积计算（见表 8-9）。

① 素土夯实工程量$_1$ = 4.5×4.0 = 18（m^2）

式中：4.5×4.0 为素土夯实的面积。

② 素土夯实工程量$_2$ = 1.5×（0.35+0.1×4）= 1.13（m^2）

式中：1.5×（0.35+0.1×4）为素土夯实的面积。

表 8-9 素土夯实工程量清单

项目编码	项目名称	项目特征	计量单位	工程量
01B001	素土夯实	1. 土壤类型:一、二类土 2. 人工夯实	m^2	19.13

（2）定额工程量

定额工程量同清单工程量 = 19.13（m^2）

9. 杉木皮屋面

（1）清单工程量

项目编码：050303003001　　　项目名称：树皮屋面

工程量计算规则：以"m²"为计量单位，按设计图示尺寸以屋面结构外围面积计算（见表 8-10）。

杉木皮屋面工程量 = 1.29×2×(3+0.1+0.1) = 8.26（m²）

式中：1.29 由图 8-2 可求得，即 $\sqrt{1.05^2+0.75^2}$ = 1.29，（3+0.1+0.1）为图 8-3 中杉木皮屋面结构外围长度，1.29×(3+0.1+0.1) 为屋面结构外围面积，2 为个数。

表 8-10　杉木皮屋面工程量清单

项目编码	项目名称	项目特征	计量单位	工程量
050303003001	杉木皮屋面	1. 屋面坡度：35° 2. 树皮种类：杉木皮	m²	8.26

（2）定额工程量

定额工程量同清单工程量 = 8.26（m²）

10. 30 厚望板

（1）清单工程量

项目编码：01B002　　　项目名称：30 厚望板

工程量计算规则：以"m²"为计量单位，按设计图示尺寸以面积计算（见表 8-11）。

30 厚望板工程量 = 1.29×2×3 = 7.74（m²）

式中：由图 8-2 可知：1.29 为 30 厚望板斜边宽度；由图 8-2 并结合图 8-3 可知：30 厚望板长度为 3m，2 为厚望板个数。

表 8-11　厚望板工程量清单

项目编码	项目名称	项目特征	计量单位	工程量
01B002	30 厚望板	厚度：30	m²	7.74

（2）定额工程量

定额工程量同清单工程量 = 7.74（m²）

11. 100 厚 C15 混凝土垫层

（1）清单工程量

项目编码：010501001002　　　项目名称：垫层

工程量计算规则：以"m³"为计量单位，按设计图示尺寸以体积计算，不扣除伸入承台基础的桩头所占体积（见表 8-12）。

100 厚 C15 混凝土垫层工程量 = 0.1×0.55×1.5 = 0.08（m³）

式中：由图 8-4 可知 1.5 为混凝土垫层长度，由图 8-4 和图 8-6 可知 0.35+0.1+0.1 = 0.55m，0.55 为混凝土垫层宽度，0.1 为垫层厚度。

表 8-12　100 厚 C15 混凝土垫层工程量清单

项目编码	项目名称	项目特征	计量单位	工程量
010501001002	100 厚 C15 混凝土垫层	1. 混凝土种类：商品混凝土 2. 混凝土强度等级：C15	m³	0.08

（2）定额工程量

定额工程量同清单工程量 = 0.08（m³）

12. 180 厚砖砌体

（1）清单工程量

项目编码：010401001001   项目名称：砖基础

工程量计算规则：以"m³"为计量单位，按设计图示尺寸以体积计算；包括附墙垛基础宽出部分体积，扣除地梁（圈梁）、构造柱所占体积，不扣除基础大放脚 T 形接头处的重叠部分及嵌入基础内的钢筋、铁件、管道、基础砂浆防潮层和单个面积≤0.3m² 的孔洞所占体积，靠墙暖气沟的挑檐不增加基础长度；外墙按外墙中心线，内墙按内墙净长线计算（见表 8-13）。

180 厚砖砌体工程量 = 1.5×（1.6+0.55−0.15−0.1）×0.18 = 0.51（m³）

式中：1.5×（1.6+0.55−0.15−0.1）为砖砌体面积，0.18 为垫层厚度。

表 8-13   180 厚砖砌体工程量清单

项目编码	项目名称	项目特征	计量单位	工程量
010401001001	180 厚砖砌体	1. 混凝土种类：商品混凝土 2. 混凝土强度等级：C15	m³	0.51

（2）定额工程量

定额工程量同清单工程量 = 0.51（m³）

13. 50 厚混凝土

（1）清单工程量

项目编码：010507007001   项目名称：其他构件

工程量计算规则：以"m³"为计量单位，按设计图示尺寸以体积计算（见表 8-14）。

50 厚混凝土工程量 = 0.05×0.35×1.5 = 0.03（m³）

式中：0.35×1.5 为混凝土构件尺寸，0.05 为混凝土构件厚度。

表 8-14   50 厚混凝土工程量清单

项目编码	项目名称	项目特征	计量单位	工程量
010507007001	50 厚混凝土	1. 构件的类型：现浇混凝土构件 2. 构件规格：50 厚	m³	0.03

（2）定额工程量

定额工程量同清单工程量 = 0.03（m³）

14. 30 厚木板贴片

（1）清单工程量

项目编码：010702003001   项目名称：木檩

工程量计算规则：以"m³"为计量单位，按设计图示尺寸以体积计算（见表 8-15）。

30 厚木板贴片工程量 = 0.35×1.5×0.03 = 0.02（m³）

式中：0.35×1.5 为木板尺寸，0.03 为木板贴片厚度。

表 8-15　30 厚木板贴片工程量清单

项目编码	项目名称	项目特征	计量单位	工程量
010702003001	30 厚木板贴片	1. 构件的类型:现浇混凝土构件 2. 构件规格:50 厚	m³	0.02

（2）定额工程量

定额工程量同清单工程量 = 0.02（m³）

15. A16 钢筋 长 600

（1）清单工程量

项目编码：010515001002　　项目名称：现浇构件钢筋

工程量计算规则：以"t"为计量单位，按设计图示钢筋（网）长度（面积）乘以单位理论质量计算（见表 8-16）。

A16 钢筋 长 600mm 工程量 = 0.6×4×1.58 = 3.79（kg）= 0.004（t）

式中：0.6 为钢筋的长度，4 为钢筋的数量，A16 钢筋的理论质量为 1.58kg/m。

表 8-16　A16 钢筋长 600 工程量清单

项目编码	项目名称	项目特征	计量单位	工程量
010515001002	A16 钢筋 长 600	1. 钢筋种类:HPB300 2. 规格:16mm	t	0.004

（2）定额工程量

定额工程量同清单工程量 = 0.004（t）

16. 台阶铺花岗石

（1）清单工程量

项目编码：011102001002　　项目名称：石材楼地面

工程量计算规则：以"m²"为计量单位，按设计图示尺寸以面积计算。门洞、空圈、暖气包槽、壁龛的开口部分并入相应的工程量内（见表 8-17）。

台阶铺花岗石工程量 =（0.6+0.3）×1.2 = 1.08（m²）

式中：（0.6+0.3）×1.2 为台阶铺贴面积。

表 8-17　台阶铺花岗石工程量清单

项目编码	项目名称	项目特征	计量单位	工程量
011102001002	台阶铺花岗石	面层材料:花岗石	m²	1.08

（2）定额工程量

定额工程量同清单工程量 = 1.08（m²）

17. 钢筋混凝土艺术围栏

（1）清单工程量

项目编码：050307008001　　项目名称：钢筋混凝土艺术围栏

工程量计算规则：以"m²"为计量单位，按设计图示尺寸以面积计算。门洞、空圈、暖气包槽、壁龛的开口部分并入相应的工程量内（见表 8-18）。

钢筋混凝土 艺术围栏工程量=（2.8+0.5+4.0×2+0.7+3.0+0.8）×0.9=14.22(m²)

式中：（2.8+0.5+4.0×2+0.7+3.0+0.8）为艺术围栏净长，0.9为艺术围栏的高度。

表 8-18　钢筋混凝土艺术围栏工程量清单

项目编码	项目名称	项目特征	计量单位	工程量
050307008001	钢筋混凝土艺术围栏	1. 围栏高度：900mm 2. 混凝土强度等级：C15 3. 表面涂敷材料种类：防水防虫涂料	m²	14.22

（2）定额工程量

定额工程量同清单工程量=14.22（m²）

8.2　实例2——公园休憩亭2

某公园内计划建设一小亭子供游人休憩，为"夏隐亭"。夏隐亭设计详图如图 8-8～图 8-12 所示，试列出该工程的工程量清单。

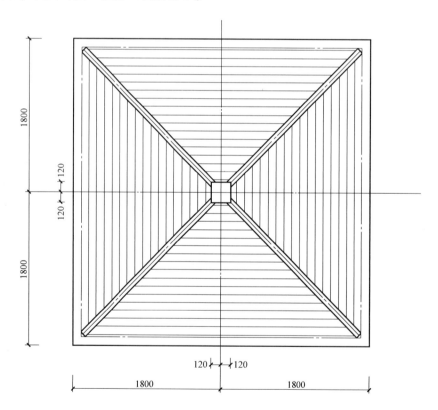

顶视图 1:30

图 8-8　夏隐亭顶视图

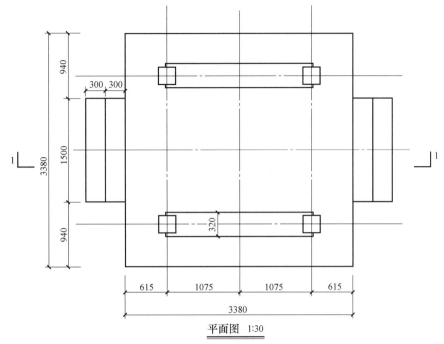

平面图 1:30

图 8-9 夏隐亭平面图

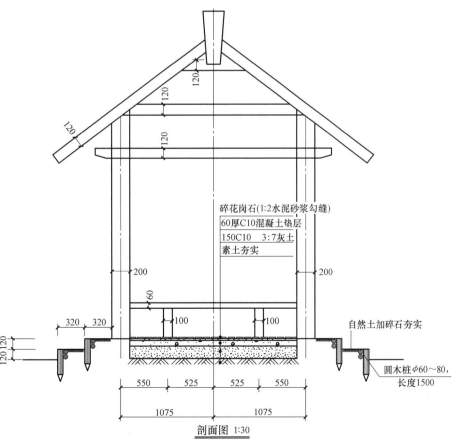

剖面图 1:30

图 8-10 夏隐亭剖面图

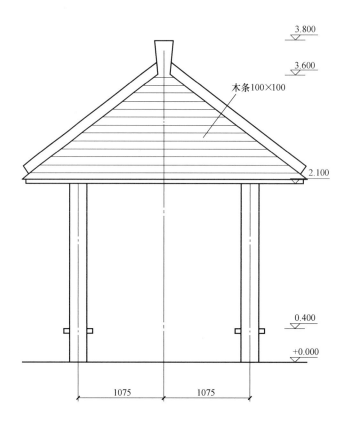

立面图 1:30

图 8-11 夏隐亭立面图

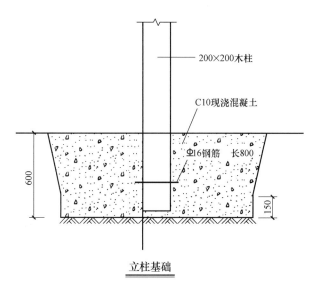

立柱基础

图 8-12 立柱基础详图

【解】

工程量清单汇总见表 8-19 所示。

表 8-19 夏隐亭工程量清单汇总

序号	分项工程名称	单位	工程量	计算简式
1	A16 钢筋 长 800	t	0.005	$0.8×4×1.58=5.056$(kg)$=0.005$
2	60 厚 C10 现浇混凝土垫层	m^3	0.69	$0.06×3.38×3.38=0.69$
3	200×200 木柱	m	8.4	$2.1×4=8.4$
4	100×100 木条	m^2	16.87	$\sqrt{1.5^2+1.8^2}×3.6÷2×4=16.87$
5	碎花岗石	m^2	11.42	$3.38×3.38=11.42$
6	150 厚 C10 3：7 灰土	m^3	1.71	$0.15×3.38×3.38=1.71$
7	素土夯实	m^2	11.42	$3.38×3.38=11.42$
8	自然土加碎石夯实	m^2	1.92	$1.5×(0.32+0.32)×2=1.92$
9	原木桩	m	12	$1.5×2×4=12$

1. A16 钢筋长 800

（1）清单工程量

项目编码：010515001001　　　项目名称：现浇构件钢筋

工程量计算规则：以 "t" 为计量单位，按设计图示钢筋（网）长度（面积）乘以单位理论质量计算（见表 8-20）。

A16 钢筋 长 800mm 工程量 $=0.8×4×1.58=5.056$（kg）$=0.005$（t）

式中：0.8 为钢筋的长度，4 为钢筋的数量，A16 钢筋的理论质量为 1.58kg/m。

表 8-20 A16 钢筋长 800 工程量清单

项目编码	项目名称	项目特征	计量单位	工程量
010515001001	A16 钢筋长 800	1. 钢筋种类：HPB300 2. 规格：16mm	t	0.005

（2）定额工程量

定额工程量同清单工程量 $=0.005$（t）

2. 60 厚 C10 现浇混凝土垫层

（1）清单工程量

项目编码：010501001001　　　项目名称：垫层

工程量计算规则：以 "m^3" 为计量单位，按设计图示尺寸以体积计算，不扣除伸入承台基础的桩头所占体积（见表 8-21）。

60 厚 C10 现浇混凝土垫层工程量 $=0.06×3.38×3.38=0.69$（m^3）

式中：3.38×3.38 为垫层面积，0.06 为垫层厚度。

表 8-21　60 厚 C10 现浇混凝土垫层工程量清单

项目编码	项目名称	项目特征	计量单位	工程量
010501001001	60 厚 C10 现浇混凝土垫层	1. 混凝土种类:商品混凝土 2. 混凝土强度等级:C10	m³	0.69

（2）定额工程量

定额工程量同清单工程量 = 0.69（m³）

3. 200×200 木柱

（1）清单工程量

项目编码：050302001001　　项目名称：原木（带树皮）柱、梁、檩、椽

工程量计算规则：以 "m" 为计量单位，按设计图示尺寸以长度计算（包括榫长）（见表 8-22）。

200×200 木柱工程量 = 2.1×4 = 8.4（m）

式中：2.1 为木柱高度，4 为木柱根数。

表 8-22　200×200 木柱工程量清单

项目编码	项目名称	项目特征	计量单位	工程量
050302001001	200×200 木柱	1. 规格:200×200	m	8.4

（2）定额工程量

定额工程量同清单工程量 = 8.4（m）

4. 100×100 木条

（1）清单工程量

项目编码：050303009001　　项目名称：木（防腐木）屋面

工程量计算规则：以 "m²" 为计量单位，按设计图示尺寸以实铺面积计算（见表 8-23）。

100×100 木条工程量 = $\sqrt{1.5^2+1.8^2}×3.6÷2×4 = 16.87$（m²）

式中：$\sqrt{1.5^2+1.8^2}$ 为屋面的斜长，3.6 为屋面宽度。

表 8-23　100×100 木条工程量清单

项目编码	项目名称	项目特征	计量单位	工程量
050303009001	100×100 木条	1. 规格:100×100	m²	16.87

（2）定额工程量

定额工程量同清单工程量 = 16.87（m²）

5. 碎花岗石

（1）清单工程量

项目编码：011102003002　　项目名称：块料楼地面

工程量计算规则：以 "m²" 为计量单位，按设计图示尺寸以面积计算（见表 8-24）。

碎花岗石工程量 = 3.38×3.38 = 11.42（m²）

式中：3.38×3.38 为碎花岗石的铺贴面的面积。

表 8-24　碎花岗石工程量清单

项目编码	项目名称	项目特征	计量单位	工程量
011102003002	碎花岗岩	1. 面层材料:彩绘马赛克贴面	m²	11.42

（2）定额工程量

定额工程量同清单工程量 = 11.42（m²）

6. 150 厚 C10 3：7 灰土

（1）清单工程量

项目编码：010404001001　　项目名称：垫层

工程量计算规则：以 "m³" 为计量单位，按设计图示尺寸以体积计算（见表 8-25）。

150 厚 C10 3：7 灰土工程量 = 0.15×3.38×3.38 = 1.71（m³）

式中：3.38×3.38 为垫层面积，0.15 为垫层厚度。

表 8-25　150 厚 C10 3：7 灰土工程量清单

项目编码	项目名称	项目特征	计量单位	工程量
010404001001	150 厚 C10 3：7 灰土	1. 垫层材料种类:灰土 2. 混凝土强度:C10 3. 配合比:3：7 4. 厚度:150 厚	m³	1.71

（2）定额工程量

定额工程量同清单工程量 = 1.71（m³）

7. 素土夯实

（1）清单工程量

项目编码：01B001　　项目名称：素土夯实

工程量计算规则：以 "m²" 为计量单位，按设计图示尺寸以面积计算（见表 8-26）。

素土夯实工程量 = 3.38×3.38 = 11.42（m²）

式中：3.38×3.38 为素土夯实的面积。

表 8-26　素土夯实工程量清单

项目编码	项目名称	项目特征	计量单位	工程量
01B001	素土夯实	1. 土壤类型:一、二类土 2. 人工夯实	m²	11.42

（2）定额工程量

定额工程量同清单工程量 = 11.42（m²）

8. 自然土加碎石夯实

（1）清单工程量

项目编码：01B002　　项目名称：自然土加碎石夯实

工程量计算规则：以"m²"为计量单位，按设计图示尺寸以面积计算（见表 8-27）。

自然土加碎石夯实工程量 = 1.5×（0.32+0.32）×2 = 1.92（m²）

式中：1.5×（0.32+0.32）×2 为自然土加碎石夯实的面积。

表 8-27　自然土加碎石夯实工程量清单

项目编码	项目名称	项目特征	计量单位	工程量
01B002	自然土加碎石夯实	1. 土壤类型：一、二类土 2. 人工夯实	m²	1.92

（2）定额工程量

定额工程量同清单工程量 = 1.92（m²）

9. 原木桩

（1）清单工程量

项目编码：050302001001　　项目名称：原木（带树皮）柱、梁、檩、椽

工程量计算规则：以"m"为计量单位，按设计图示尺寸以长度计算（包括榫长）（见表 8-28）。

原木桩工程量 = 1.5×2×4 = 12（m）

式中：1.5 为原木桩长度，2×4 为原木桩根数。

表 8-28　原木桩工程量清单

项目编码	项目名称	项目特征	计量单位	工程量
050302001001	原木桩	1. 规格：直径 60~80 2. 长度：1500	m	12

（2）定额工程量

定额工程量同清单工程量 = 12（m）

8.3　实例3——儿童嬉戏广场

某小区内计划建设一儿童嬉戏广场，位于小区的北侧。"儿童嬉戏广场"设计详图如图 8-13~图 8-18 所示，土层为一、二类土，其中，300 厚细沙的总面积为 64.66m²，青石 500×400×100 块料面层长度为 344.43m，试列出该工程的工程量清单。

【解】

工程量清单汇总见表 8-29 所示。

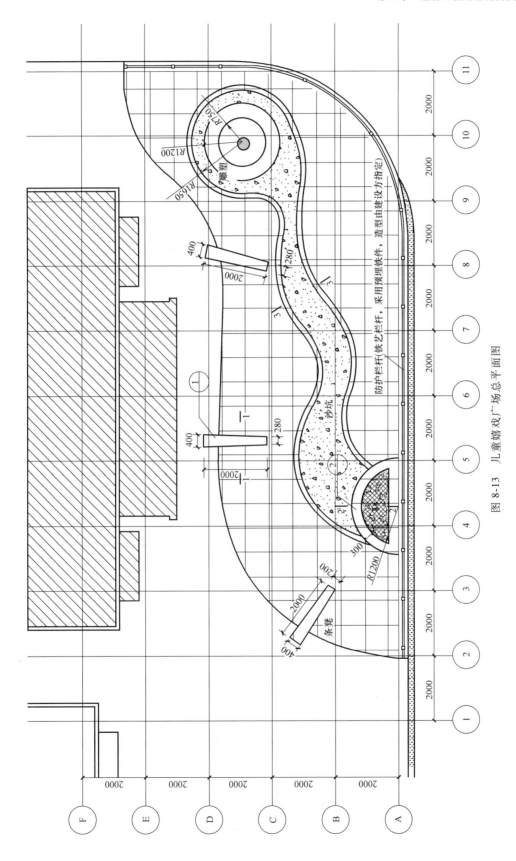

图 8-13　儿童嬉戏广场总平面图

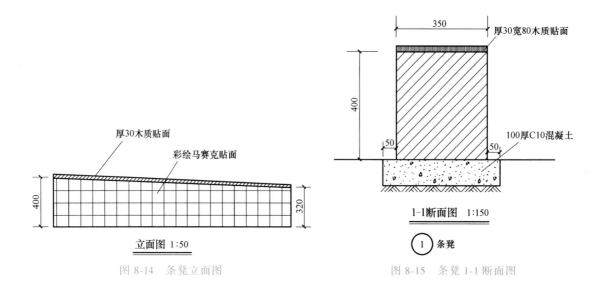

图 8-14 条凳立面图

图 8-15 条凳 1-1 断面图

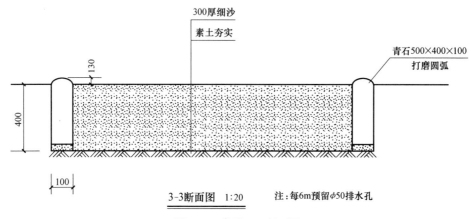

图 8-16 条凳 3-3 断面图

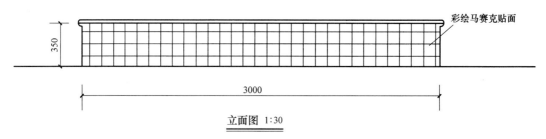

图 8-17 花坛立面图

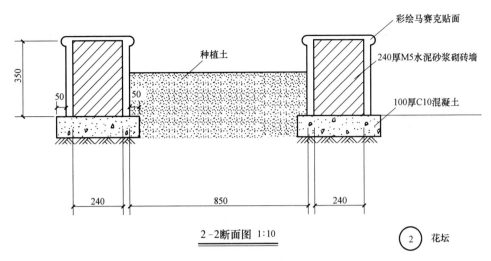

图 8-18 花坛 2-2 断面图

表 8-29 儿童嬉戏广场工程量清单汇总

序号	分项工程名称	单位	工程量	计算简式
1	素土夯实	m^2	2.04	$(0.4+0.28)\times2\div2\times3=2.04$
2	300 厚细沙	m^3	4.46	$(19.398-1.2\times1.2\times3.14)\times0.3=4.46$
3	青石 500×400×100	m^2	137.02	$(344.43-1.2\times3.14\div2)\times0.4=137.02$
4	100 厚 C10 混凝土垫层	m^3	0.37	$0.1\times(0.35+0.05\times2)\times2\times3+0.1\times(1.2\times1.2\times3.14\div2-0.9\times0.9\times3.14\div2)=0.37$
5	厚 30 宽 80 木质贴面	m^2	2.04	$(0.4+0.28)\times2\div2\times3=2.04$
6	彩绘马赛克贴面	m^2	8.79	$(0.4+0.32)\times2\times2\times3+0.4\times0.4\times3+0.32\times0.2\times3+3.14\times1.2-0.85\times3.14+(2.4-0.3-0.3)\times0.3+0.35\times1.2\times3.14+0.35\times2.4=8.79$
7	240 厚 M5 水泥砂浆砌砖墙	m^3	0.57	$0.24\times0.35\times(1.2\times3.14+3)=0.57$

1. 素土夯实

（1）清单工程量

项目编码：01B001　　项目名称：素土夯实

工程量计算规则：以"m^2"为计量单位，按设计图示尺寸以面积计算（见表 8-30）。

素土夯实工程量 $=(0.4+0.28)\times2\div2\times3=2.04(m^2)$

式中：$(0.4+0.28)\times2\div2\times3$ 为素土夯实的面积。

表 8-30 素土夯实工程量清单

项目编码	项目名称	项目特征	计量单位	工程量
01B001	素土夯实	1. 土壤类型：一、二类土 2. 人工夯实	m^2	2.04

（2）定额工程量

定额工程量同清单工程量 $=2.04$（m^2）

2. 300 厚细沙

（1）清单工程量

项目编码：050101009001　　项目名称：种植土回（换）填

工程量计算规则：以"m^3"为计量单位，按设计图示回填面积乘以回填厚度以体积计算（见表8-31）。

300厚细沙工程量＝（19.398－1.2×1.2×3.14）×0.3＝4.46（m^3）

式中：（19.398－1.2×1.2×3.14）为细沙的回填的面积，0.3为细沙的厚度。

表8-31　300厚细沙工程量清单

项目编码	项目名称	项目特征	计量单位	工程量
050101009001	300厚细沙	1. 回填土质要求：细沙 2. 回填厚度：300	m^3	4.46

（2）定额工程量

定额工程量同清单工程量＝4.46（m^3）

3. 青石500×400×100

（1）清单工程量

项目编码：011102003001　　项目名称：块料楼地面

工程量计算规则：以"m^2"为计量单位，按设计图示尺寸以面积计算（见表8-32）。

青石500×400×100块料面层工程量＝（344.43－1.2×3.14÷2）×0.4＝137.02（m^2）

式中：344.43－1.2×3.14÷2为青石块料的铺贴面的周长，0.4为青石块料铺贴面的高度。

表8-32　青石500×400×100工程量清单

项目编码	项目名称	项目特征	计量单位	工程量
011102003001	青石500×400×100	1. 面层材料：青石 2. 规格：500×400×100	m^2	137.02

（2）定额工程量

青石500×400×100块料面层工程量＝（344.43－1.2×3.14÷2）÷0.5＝685.092（块），取686块。

式中：344.43－1.2×3.14÷2为青石块料的铺贴面的周长，0.5为青石块料的高度。

4. 100厚C10混凝土垫层

（1）清单工程量

项目编码：010501001001　　项目名称：垫层

工程量计算规则：以"m^3"为计量单位，按设计图示尺寸以体积计算，不扣除伸入承台基础的桩头所占体积（见表8-33）。

① 100厚C10混凝土垫层工程量$_1$＝0.1×（0.35＋0.05×2）×2×3＝0.27（m^3）

式中：（0.35＋0.05×2）为C10混凝土垫层的宽，结合图8-8可知长度为2m，3为条凳个数，0.1为垫层厚度。

② 100厚C10混凝土垫层工程量$_2$＝0.1×（1.2×1.2×3.14÷2－0.9×0.9×3.14÷2）＝0.10（m^3）

表 8-33　100 厚 C10 混凝土垫层工程量清单

项目编码	项目名称	项目特征	计量单位	工程量
010501001001	100 厚 C10 混凝土垫层	1. 混凝土种类:商品混凝土 2. 混凝土强度等级:C10	m³	0.37

（2）定额工程量

定额工程量同清单工程量 = 0.37（m³）

5. 厚 30 宽 80 木质贴面

（1）清单工程量

项目编码：011104002001　　项目名称：竹、木（复合）地板

工程量计算规则：以"m²"为计量单位，按设计图示尺寸以面积计算（见表 8-34）。

厚 30 宽 80 木质贴面工程量 =（0.4+0.28）×2÷2×3 = 2.04（m²）

式中：（0.4+0.28）×2÷2×3 为木质贴面的铺贴面积。

表 8-34　厚 30 宽 80 木质贴面工程量清单

项目编码	项目名称	项目特征	计量单位	工程量
011104002001	厚 30 宽 80 木质贴面	1. 龙骨材料种类:木质贴面 2. 规格:厚 30 宽 80	m²	2.04

（2）定额工程量

定额工程量同清单工程量 = 2.04（m²）

6. 彩绘马赛克贴面

（1）清单工程量

项目编码：011102003002　　项目名称：块料楼地面

工程量计算规则：以"m²"为计量单位，按设计图示尺寸以面积计算（见表 8-35）。

① 彩绘马赛克贴面工程量$_1$ =（0.4+0.32）×2÷2×2×3+0.4×0.4×3+0.32×0.2×3 = 4.99（m²）

② 彩绘马赛克贴面工程量$_2$ = 3.14×1.2-0.85×3.14+（2.4-0.3-0.3）×0.3+0.35×1.2×3.14+0.35×2.4 = 3.80（m²）

式中：（0.4+0.32）×2÷2×2×3+0.4×0.4×3+0.32×0.2×3 为彩绘马赛克贴面的铺贴面的面积，3.14×1.2-0.85×3.14+（2.4-0.3-0.3）×0.3+0.35×1.2×3.14+0.35×2.4 为彩绘马赛克贴面的面积。

表 8-35　彩绘马赛克贴面工程量清单

项目编码	项目名称	项目特征	计量单位	工程量
011102003002	彩绘马赛克贴面	面层材料:彩绘马赛克贴面	m²	8.79

（2）定额工程量

定额工程量同清单工程量 = 8.79（m²）

7. 240 厚 M5 水泥砂浆砌砖墙

（1）清单工程量

项目编码：010401003001　　　项目名称：实心砖墙

工程量计算规则：以 "m³" 为计量单位，按设计图示尺寸以体积计算（见表 8-36）。

240 厚 M5 水泥砂浆砌砖墙工程量 = 0.24×0.35×(1.2×3.14+3.00) = 0.57(m³)

式中 0.35×(1.2×3.14+3.00) 为砌砖墙的面积，0.24 为砌砖墙的厚度。

表 8-36　240 厚 M5 水泥砂浆砌砖墙工程量清单

项目编码	项目名称	项目特征	计量单位	工程量
010401003001	240 厚 M5 水泥砂浆砌砖墙	1. 砌体厚度：240 2. 墙体类型：砖墙 3. 砂浆强度等级、配合比：M5 水泥砂浆	m³	0.57

（2）定额工程量

定额工程量同清单工程量 = 0.57（m³）

8.4　实例 4——公园蘑菇亭

某公园蘑菇亭平面图如图 8-19 所示，蘑菇亭剖面图如图 8-20 所示，蘑菇亭剖面详图如图 8-21 所示，蘑菇亭基础示意图如图 8-22 所示，试计算该蘑菇亭工程量。

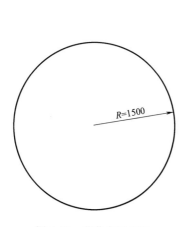

图 8-19　蘑菇亭平面图

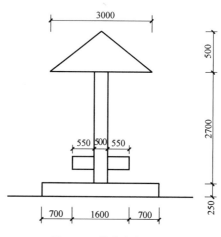

图 8-20　蘑菇亭剖面图

1. 挖土方

（1）清单工程量

项目编码：040101003　　　项目名称：挖基坑土方

工程量计算规则：以 "m³" 为计量单位，按设计图示尺寸以体积计算。

挖土方工程量 = 3×3×0.58

　　　　　　 = 5.22（m³）

式中：3 为蘑菇亭基坑的长度，0.58 为挖蘑菇亭基坑的深度。

（2）定额工程量

定额工程量同清单工程量＝5.22（m³）

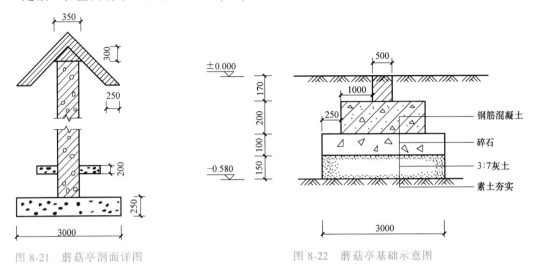

图 8-21　蘑菇亭剖面详图　　　　　　　　图 8-22　蘑菇亭基础示意图

2. 钢筋混凝土基础

（1）清单工程量

项目编码：040303002　　　项目名称：混凝土基础

工程量计算规则：以"m³"为计量单位，按设计图示尺寸以体积计算。

钢筋混凝土基础工程量＝(3-0.5)×(3-0.5)×0.2+0.5×0.5×0.17

＝1.29（m³）

式中：3-0.5 为下部钢筋混凝土的长和宽，0.2 为下部钢筋混凝土的高，0.5 为上部钢筋混凝土的长和宽，0.17 为上部钢筋混凝土的高。

（2）定额工程量

定额工程量同清单工程量＝1.29（m³）

3. 柱基回填土

（1）清单工程量

项目编码：040103001　　　项目名称：回填方

工程量计算规则：以 m³ 为计量单位，按设计图示尺寸以体积计算。

柱基回填土基础工程量＝5.22-3×3×0.15-3×3×0.1-1.29

＝1.68（m³）

式中：5.22 为挖基坑土方数量，3×3×0.15 为 3：7 灰土体积，3×3×0.1 为碎石体积，1.29 为钢筋混凝土体积。

（2）定额工程量

定额工程量同清单工程量＝1.68（m³）

8.5　实例5——景观亭工程

某亭子立面图如图 8-23 所示，地台平面图如图 8-24 所示，虹梁大样图如图 8-25 所示，柱基剖面图如图 8-26 所示，试求相关工程量。

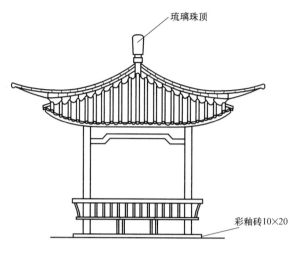

图 8-23　亭子立面图

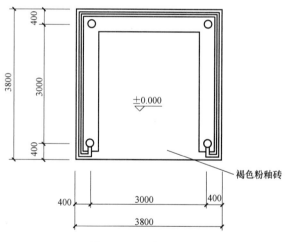

图 8-24　地台平面图

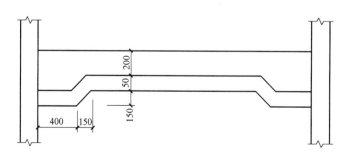

图 8-25　虹梁大样图

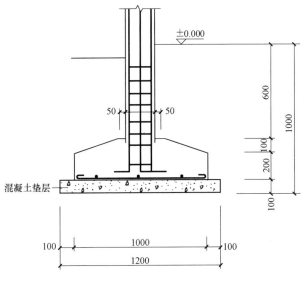

图 8-26　柱基剖面图

1. 平整场地工程量

（1）清单工程量

项目编码：010101001　　　项目名称：平整场地

工程量计算规则：以"m^2"为计量单位，按设计图示尺寸以首层建筑物面积计算。

$$S_{平整场地} = 3.8 \times 3.8$$
$$= 14.44 \ （m^2）$$

式中：3.8 为平整场地的长和宽。

（2）定额工程量

定额工程量同清单工程量 = 14.44（m^2）

2. 柱基混凝土垫层工程量

（1）清单工程量

项目编码：010201017　　　项目名称：垫层

工程量计算规则：按设计图示尺寸以体积计算。

$$V_{柱基混凝土垫层} = 1.2 \times 1.2 \times 0.1 \times 4$$
$$= 0.576 \ （m^3）$$

式中：1.2 为柱基混凝土垫层的长和宽，0.1 为柱基混凝土垫层的高，4 为柱基的数量。

（2）定额工程量

定额工程量同清单工程量 = 0.576（m^3）

3. C20 钢筋混凝土柱 ϕ180（±0.000 以下）

（1）清单工程量

项目编码：010502001001　　　项目名称：矩形柱

工程量计算规则：以"m^3"为计量单位，按设计图示尺寸以体积计算。

$$V_{柱} = 断面面积 \times 高 \times 柱子个数$$
$$= \pi R^2 \times h \times 4$$

$= 3.14 \times 0.09^2 \times 0.9 \times 4$

$= 0.09 \mathrm{m}^3$

（2）定额工程量

定额工程量同清单工程量为 $0.09\mathrm{m}^3$。

4. 室外地坪以下基础工程量

（1）清单工程量

项目编码：010404001　　项目名称：垫层

工程量计算规则：以"m^3"为计量单位，按设计图示尺寸以体积计算。

$V_{\text{室外地坪以下基础体积}} = (1 - 0.1 \times 2)^2 \times (0.2 + 0.1) \times 4 = 0.768(\mathrm{m}^3)$

式中：$(1 - 0.1 \times 2)^2$ 为基础底面积，$(0.2 + 0.1)$ 为基础的深度，4 为基础数量。

（2）定额工程量

定额工程量同清单工程量 $= 0.768$（m^3）

5. 余土体积

（1）清单工程量

项目编码：010103002001　　项目名称：余土弃置

工程量计算规则：以"m^3"为计量单位，按设计图示尺寸以体积计算。

$V_{\text{余土体积}} = V_{\text{室外地坪以下建构筑物所占体积}}$

$= 0.58 + 0.768 + 3.14 \times 0.09^2 \times 0.6 \times 4 = 1.41\mathrm{m}^3$

（2）定额工程量

定额工程量同清单工程量为 $1.41\mathrm{m}^3$。

6. 回填土

（1）清单工程量

项目编码：010103001001　　项目名称：回填方

工程量计算规则：以"m^3"为计量单位，按设计图示尺寸以体积计算。

$V_{\text{回填土}} = $ 挖基础土方 $-$ 室外地坪以下建构筑物所占体积

$= 3.8 \times 3.8 \times 1 - 1.41 = 13.03\mathrm{m}^3$

（2）定额工程量

定额工程量同清单工程量为 $13.03\mathrm{m}^3$。

参 考 文 献

[1]　谷康，付喜娥. 园林制图与识图 [M]. 南京：东南大学出版社，2010.

[2]　王晓婷，明毅强. 园林制图与识图 [M]. 北京：中国电力出版社，2009.

[3]　吴机际. 园林工程制图 [M]. 广州：华南理工大学出版社，2009.

[4]　刘新燕. 园林工程建设图纸的绘制与识别 [M]. 北京：化学工业出版社，2005.

[5]　李随文，刘达成. 园林制图 [M]. 郑州：黄河水利出版社，2010.

[6]　黄晖，王云云. 园林制图 [M]. 重庆：重庆大学出版社，2006.

[7]　樊俊喜，刘新燕. 园林绿化工程工程量清单计价编制与实例 [M]. 北京：机械工业出版社，2010.

[8]　高蓓. 园林工程造价应用与细节解析 [M]. 合肥：安徽科学技术出版社，2010.

[9]　王晓畅，刘睿颖. 园林制图与识图 [M]. 北京：化学工业出版社，2009.

[10]　朱维益，杨生福. 市政与园林工程预决算 [M]. 北京：中国建材工业出版社，2002.

[11]　马永军. 看图学园林工程预算 [M]. 北京：中国电力出版社，2009.

[12]　周佳新. 园林工程识图 [M]. 北京：化学工业出版社，2008.